数控车床操作与加工

主　任　彭小朋
副主任　王世豪　肖红春　肖清平
委　员　孙自扬　闫建军　周燕峰　邱炜聪
　　　　戴国娟　陈　咏　张　勇

编委会
主　编　黄灯生　杨世龙
副主编　何承卫　曾齐高　曾秋红
参　编　钟倩婷　张军德　李仕标

重庆大学出版社

内容提要

本教材主要以华中数控系统 HNC-21T 为平台，重点介绍数控车床的基本知识和基本操作技能。内容包含：数控车床操作系统的认识、简单轴类零件加工、简单套类零件加工、典型零件与企业产品加工、配合类零件的加工等。本教材根据项目式教学模式编写。

本教材适用于中等职业学校、高职高专院校的数控技术应用专业、模具专业、机电专业学生的数控车床实训教材。

图书在版编目（CIP）数据

数控车床操作与加工/黄灯生，杨世龙主编. —重庆：重庆大学出版社，2016.12
ISBN 978-7-5624-9146-0

Ⅰ.①数… Ⅱ.①黄…②杨… Ⅲ.①数控机床—车床—操作—教材②数控机床—车床—加工—教材 Ⅳ.①TG519.1

中国版本图书馆 CIP 数据核字（2015）第 128378 号

数控车床操作与加工

主　编　黄灯生　杨世龙
副主编　何承卫　曾齐高　曾秋红
策划编辑：周　立

责任编辑：周　立　　版式设计：周　立
责任校对：秦巴达　　责任印制：赵　晟

*

重庆大学出版社出版发行
出版人：易树平
社址：重庆市沙坪坝区大学城西路 21 号
邮编：401331
电话：（023）88617190　88617185（中小学）
传真：（023）88617186　88617166
网址：http://www.cqup.com.cn
邮箱：fxk@ cqup.com.cn（营销中心）
全国新华书店经销
重庆联谊印务有限公司印刷

*

开本：787mm×1092mm　1/16　印张：16.25　字数：375千
2016 年 12 月第 1 版　　2016 年 12 月第 1 次印刷
ISBN 978-7-5624-9146-0　定价：38.00 元

前言

随着科学技术的飞速发展,机械制造技术发生了深刻的变化。为了适应市场对产品的更高要求,数控技术将得到更广泛的应用。数控技术水平及数控机床的拥有量已经成为衡量一个国家工业现代化的重要标志。

本教材重点介绍数控车床的基本知识和基本操作技能。内容包含:数控车床操作系统的认识、简单轴类零件加工、简单套类零件加工、典型零件与企业产品加工、配合类零件的加工等。本教材所例举操作和程序均在华中 HNC-21T 系统中验证。

本教材的主导思想:突出操作技能,提高动手能力。书中采用了大量的实例,知识结构由浅入深,项目训练由易到难,循序渐进,理论与实践紧密结合。考核内容以国家职业技能鉴定为标准,贴近实际生产,更符合企业需要。

学习本课程需要具备一定的机械制图知识、金属材料与刀具知识、公差与测量知识、数控车削工艺知识,同时还必须具备普通车床的基本操作技能。

本教材适用于中等职业学校、高职高专院校的数控技术应用专业、模具专业、机电专业学生的数控车床实训教学。

本教材由深圳市龙岗职业技术学校黄灯生、杨世龙担任主编,深圳市龙岗职业技术学校何承卫、曾齐高、曾秋红担任副主编。其中,项目一由黄灯生编写,项目二由曾齐高编写,项目三由何承卫编写,项目四由杨世龙编写,项目五由曾秋红编写,参加编写的还有深圳市龙岗职业技术学校钟倩婷,张军德,李仕标。

本书在编写过程中,得到了深圳市伟业兴科技有限公司、群达模具(深圳)有限公司、深圳市富恒信机电设备有限公司、深圳铭锋达精密技术有限公司、深圳亿和模具制造有限公司、深圳市爱得利机电有限公司、深圳市机械行业协会等专业技术人员的支持与指导,在此表示衷心的感谢!

限于编者的水平和经验，书中难免存在疏漏和不足之处，敬请读者及专业人士批评指正。

编　者
2016 年 1 月

目录

项目 一

数控车床操作系统的认识

 **知识目标**

1.掌握 HNC-21T(华中)系统数控车床面板功能。

2.了解 GSK980TA(广州数控)系统车床面板功能。

3.了解 FANUC(发那克)系统车床面板功能。

4.掌握数控车床操作规程与车削安全技术。

 能力目标

1.掌握数控车床的开机、关机、回参考点的步骤及注意事项。

2.熟练机床手动操作、MDI 手动数据输入等。

3.掌握程序的输入、校验仿真等。

4.熟练试切对刀的方法。

 情感态度价值观目标

1.通过观看相关图片、动画、视频和车间实操,激发学生对数控车床加工技术的兴趣。

2.形成讨论学习小组,培养学生的交流意识与团队协作精神。

3.变被动的接受式学习为主动探究式学习。使学生学习的过程成为发现问题、提出问题、分析问题、解决问题的过程。

4.培养学生的环保意识、质量意识。

任务一　HNC-21T(华中)数控系统控制面板操作

 **任务描述**

认识 HNC-21T 华中数控系统操作面板各功能区域的主要作用,掌握面板常用功能的操作方法。

 知识获取

一、数控操作面板结构简介

HNC-21T 世纪星车床数控装置操作台为标准固定结构,如图 1-1 所示:

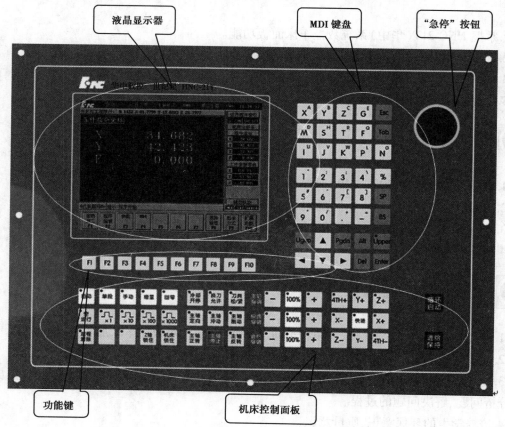

图 1-1　HNC-21T 华中世纪星车床数控装置操作台

外形尺寸为 420 mm×310 mm×110 mm W×H×D。操作台面板主要由显示器、NC 键盘、机床控制面板、急停按钮、MPG 手持单元组成。

1）显示器

位于操作台的左上部为 7.5 in 彩色液晶显示器，其分辨率为 640×480，用于显示汉字菜单、系统状态、故障报警、各类坐标值、程序编辑、加工参数和加工轨迹的图形仿真。

2）NC 键盘

NC 键盘包括精简型 MDI 键盘和 F1—F10 十个功能键，F1—F10 十个功能键位于显示器的正下方。标准化的字母数字式 MDI 键盘位于显示器和急停按钮之间，其中的大部分键具有上档键功能，当 Upper 键有效时指示灯亮，输入的是上档键，NC 键盘用于零件程序的编制、参数输入 MDI 及系统管理操作等。

3）机床控制面板 MCP

标准机床控制面板的大部分按键，除急停按钮外位于操作台的下部，机床控制面板用于直接控制机床的动作或加工过程。

4）急停按钮

急停按钮位于操作台的右上角，用于紧急事件快速停止运行中的机床可移动部件，正常关闭数控装置前该按钮也必须处于"按下"状态。

5）MPG 手持单元

MPG 手持单元由手摇脉冲发生器坐标轴选择开关组成，如图 1-2 所示，用于手摇方式增量进给坐标轴。

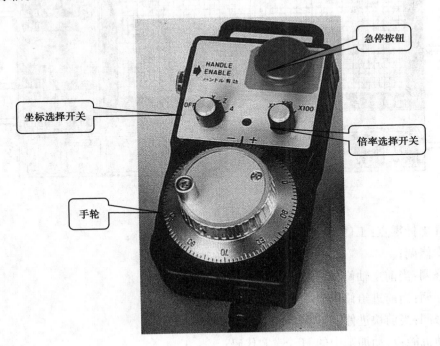

图 1-2　MPG 手持单元结构

MPG 手持单元由手摇脉冲发生器、坐标轴选择开关、倍率选择开关以及急停按钮组成，用于手摇方式增量进给坐标轴，常用于对刀操作。

二、软件操作界面

HNC-21T 的软件操作界面如图 1-3 所示，其界面由如下几个部分组成：

①图形显示窗口：可以根据需要用功能键 F9 设置窗口的显示内容；

②菜单命令条：通过菜单命令条中的功能键 F1—F10 来完成系统功能的操作；

③运行程序索引：自动加工中的程序名和当前程序段行号；

④选定坐标系下的坐标值；

坐标系可在机床坐标系、工件坐标系、相对坐标系之间切换；

显示值可在指令位置、实际位置、剩余进给、跟踪误差、负载电流、补偿值之间切换（负载电流只对 11 型伺服有效）；

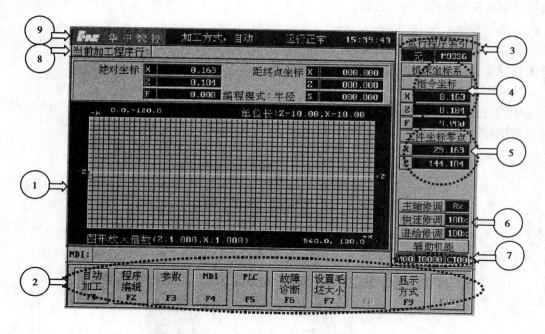

图 1-3　HNC-21T 的软件操作界面

⑤工件坐标零点：工件坐标系零点在机床坐标系下的坐标；

⑥倍率修调；

主轴修调：当前主轴修调倍率。

进给修调：当前进给修调倍率。

快速修调：当前快进修调倍率。

⑦辅助机能：自动加工中的 M、S、T 代码；

⑧当前加工程序行：当前正在或将要加工的程序段；

⑨当前加工方式系统运行状态及当前时间。

工作方式：系统工作方式根据机床控制面板上相应按键的状态可在自动运行、单段运行、手动运行、增量运行、回零、急停、复位等之间切换。

运行状态：系统工作状态在运行正常和出错间切换。

操作界面中最重要的一块是菜单命令条，系统功能的操作主要通过菜单命令条中的功能键 F1—F10 来完成。由于每个功能包括不同的操作，菜单采用层次结构，即在主菜单下选择一个菜单项后，数控装置会显示该功能下的子菜单，用户可根据该子菜单的内容选择所需的操作，如图 1-4 所示。当要返回主菜单时，按子菜单下的 F10 键即可。

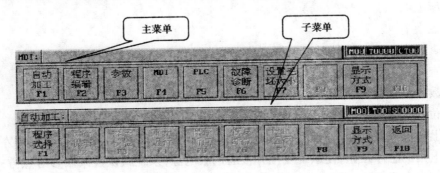

图 1-4　菜单层次

HNC-21T 的菜单结构如图 1-5 所示。

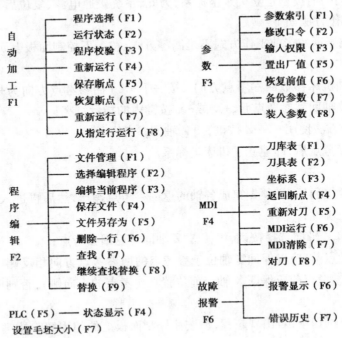

图 1-5　HNC-21T 的菜单结构

三、上电、关机、急停

主要介绍机床数控装置的上电、关机、急停、复位、回参考点、超程解除等操作。

1）上电

①检查机床状态是否正常；

②检查电源电压是否符合要求、接线是否正确；

③按下急停按钮；

④机床上电；

⑤数控上电；

⑥检查风扇电机运转是否正常；

⑦检查面板上的指示灯是否正常。

接通数控装置电源后，HNC-21T 自动运行系统软件工作方式为急停。

2）复位

系统上电进入软件操作界面时，系统的工作方式为急停，为控制系统运行，需左旋并拔起操作台右上角的急停按钮，使系统复位并接通伺服电源，系统默认进入回参考点方式，软件操作界面的工作方式变为回零。

3）返回机床参考点

控制机床运动的前提是建立机床坐标系，为此，系统接通电源、复位后首先应进行机床各轴回到参考点，操作方法如下：

（1）如果系统显示的当前工作方式不是回零方式，按一下控制面板上面的回零按键，确保系统处于回零方式；

（2）根据 X 轴机床参数回参考点方向，按一下+X（回参考点方向为+）或−X（回参考点方向为−）按键，X 轴回到参考点后，+X 或−X 按键内的指示灯亮；

（3）用同样的方法使用+Z、−Z 按键，使 Z 轴回参考点。

所有轴回到参考点后，即建立了机床坐标系。

注意：

①在每次电源接通后，必须先完成各轴的返回参考点操作，然后再进入其他运行方式，以确保各轴坐标的正确性；

②同时按下 X、Z 轴向选择按键，可使 X、Z 轴同时返回参考点；

③在回到参考点前，应确保回零轴位于参考点的回参考点方向相反侧（如 X 轴的回参考点方向为负，则回参考点前应保证 X 轴当前位置在参考点的正向侧），否则应手动移动该轴直到满足此条件；

④在回参考点过程中，若出现超程，请按住控制面板上的超程解除按键，向相反方向手动移动该轴使其退出超程状态。

4）急停

机床运行过程中，在危险或紧急情况下，按下急停按钮，CNC 即进入急停状态，伺服进给及主轴运转立即停止工作（控制柜内的进给驱动电源被切断）。松开急停按钮（左旋此按钮，自动跳起），CNC 进入复位状态。

解除紧急停止前，先确认故障原因是否排除，且紧急停止解除后应重新执行回参考点操作，以确保坐标位置的正确性。

5）超程解除

在伺服轴行程的两端各有一个极限开关，作用是防止伺服机构碰撞而损坏。每当伺服机构碰到行程极限开关时，就会出现超程。当某轴出现超程（超程解除按键内指示灯亮时），系统视其状况为紧急停止，要退出超程状态时，必须：

①松开急停按钮，置工作方式为手动或手摇方式；

②一直按压着超程解除按键（控制器会暂时忽略超程的紧急情况）；

③在手动（手摇）方式下，使该轴向相反方向退出超程状态；

④松开超程解除按键。

若显示屏上运行状态栏"运行正常"取代了"出错"，表示恢复正常，可以继续操作。

注意：在操作机床退出超程状态时，请务必注意移动方向及移动速率，以免发生撞机。

6）关机

①按下控制面板上的急停按钮，断开伺服电源；

②断开数控电源；

③断开机床电源。

四、机床手动操作

机床的手动操作主要包括：手动移动机床坐标轴（点动、增量、手摇）、手动控制主轴（启停、点动）、机床锁住、刀位转换、卡盘松紧、冷却液启停、手动数据输入（MDI）运行等。

机床手动操作主要由手持单元和机床控制面板共同完成。机床控制面板如图 1-6 所示。

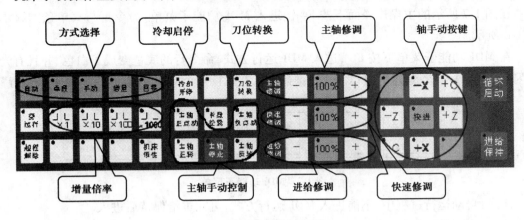

图 1-6　机床控制面板

1）坐标轴移动

手动移动机床坐标轴的操作由手持单元和机床控制面板上的方式选择、轴手动、增量倍率、进给修调、快速修调等按键共同完成。

点动进给

点动快速移动

点动进给速度选择

增量进给

手摇进给

2）主轴控制

主轴手动控制由机床控制面板上的主轴手动控制按键完成。

主轴正转

主轴反转

主轴停止

主轴点动

主轴速度修调

注意："主轴正转""主轴反转""主轴停止"这几个按键互锁，即按一下其中一个（指示灯亮），其余两个会失效（指示灯灭）。

3）机床锁住

机床锁住禁止机床所有运动。在手动运行方式下，按一下"机床锁住"按键（指示灯亮），再进行手动操作，系统继续执行，显示屏上的坐标轴位置信息变化，但不输出伺服轴的移动指令，所以机床停止不动。

4）其他手动操作

刀位转换

冷却启动与停止

卡盘松紧

5）手动数据输入（MDI）运行（F4→F6）

在图 1-7 所示的主操作界面下按 F4 键进入 MDI 功能子菜单，命令行与菜单条的显示如图 1-8 所示。

在 MDI 功能子菜单下按 F6，进入 MDI 运行方式，命令行的底色变成了白色，并且有光标在闪烁，如图 1-7 所示，这时可以从 NC 键盘输入并执行一个 G 代码指令段，即"MDI 运行"。

图 1-7 MDI 功能子菜单

注意：自动运行过程中，不能进入 MDI 运行方式，可在进给保持后进入。

※输入 MDI 指令段

MDI 输入的最小单位是一个有效指令字。因此，输入一个 MDI 运行指令段可以有下述两种方法：

①一次输入，即一次输入多个指令字的信息；

②多次输入，即每次输入一个指令字信息。

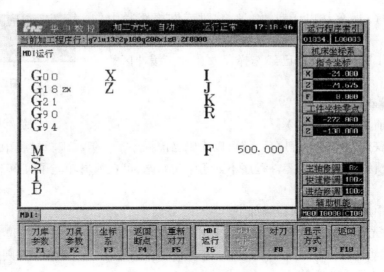

图 1-8　MDI 运行

例如,要输入"G00 X100 Z100"MDI 运行指令段,可以

a.直接输入"G00 X100 Z100"并按 Enter 键,图 1-8 显示窗口内关键字 G、X、Z 的值将分别变为 00、100、100;

b.先输入"G00"并按 Enter 键,图 1-8 显示窗口内将显示大字符"G00",再输入"X100"并按 Enter 键,然后输入"Z100"并按 Enter 键,显示窗口内将依次显示大字符"X100""Z100"。

在输入命令时,可以在命令行看见输入的内容,在按 Enter 键之前,发现输入错误,可用 BS、▶、◀ 键进行编辑;按 Enter 键后,系统发现输入错误,会提示相应的错误信息。

※运行 MDI 指令段

在输入完一个 MDI 指令段后,按一下操作面板上的"循环启动"键,系统即开始运行所输入的 MDI 指令。

如果输入的 MDI 指令信息不完整或存在语法错误,系统会提示相应的错误信息,此时不能运行 MDI 指令。

五、程序输入与文件管理

在软件操作界面下按 F2 键进入编辑功能子菜单命令行与菜单条的显示,如图 1-9 所示。在编辑功能子菜单下,可以对零件程序进行编辑、存储与传递,以及对文件进行管理。

图 1-9　编辑功能子菜单

(1)选择编辑程序(F2→F2)

在编辑功能子菜单下,按 F2 键,将弹出如图 1-10 所示的选择编辑程序菜单,其中:

①磁盘程序:保存在电子盘、硬盘、软盘或网络路径上的文件;

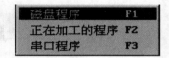

②正在加工的程序:当前已经选择存放在加工缓冲区的一个加工程序。

图 1-10

（2）程序编辑（F2）

※编辑当前程序（F2→F3）

当编辑器获得一个零件程序后,就可以编辑当前程序了。但在编辑过程中退出编辑模式后再返回到编辑模式时,如果零件程序不处于编辑状态,可在编辑功能子菜单下按 F3 键进入编辑状态。

编辑过程中用到的主要快捷键如下:

Del:删除光标后的一个字符,光标位置不变,余下的字符左移一个字符位置;

Pgup:使编辑程序向程序头滚动一屏,光标位置不变,如果到了程序头,则光标移到文件首行的第一个字符处;

Pgdn:使编辑程序向程序尾滚动一屏,光标位置不变,如果到了程序尾,则光标移到文件末行的第一个字符处;

BS:删除光标前的一个字符,光标向前移动一个字符位置,余下的字符左移一个字符位置;

◄:使光标左移一个字符位置;

►:使光标右移一个字符位置;

▲:使光标向上移一行;

▼:使光标向下移一行。

※删除一行（F2→F6）

在编辑状态下,按 F6 键将删除光标所在的程序行。

（3）程序存储（F2→F4）

在编辑状态下按 F4 键可对当前编辑程序进行存盘。

六、程序运行

在主界面下按 F1 键,进入程序运行子菜单,命令行与菜单条的显示,如图 1-11 所示。在程序运行子菜单下可以装入检验并自动运行一个零件程序。

图 1-11　程序运行子菜单

（1）选择运行程序（F1→F1）

在程序运行子菜单下,按 F1 键将弹出如图 1-12 所示的选择运行程序子菜单,按 Esc 键可取消该菜单。

（2）程序校验（F1→F3）

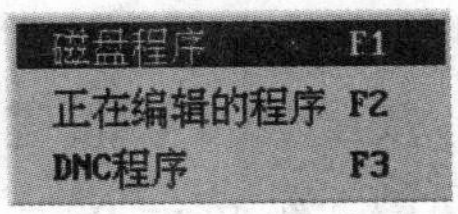

程序校验用于对调入加工缓冲区的零件程序进行校验，并提示可能的错误。

以前未在机床上运行的新程序在调入后最好先进行校验运行，正确无误后再启动自动运行。

图 1-12　选择运行的程序

程序校验运行的操作步骤如下：

①调入要校验的加工程序；

②按机床控制面板上的"自动"按键进入程序运行方式；

③在程序运行子菜单下，按 F3 键，此时软件操作界面的工作方式显示改为"校验运行"；

④按下机床控制面板上的"循环启动"按键，程序校验开始；

⑤若程序正确，校验完后，光标将返回到程序头，且软件操作界面的工作方式显示改回为"自动"，若程序有错，命令行将提示程序的哪一行有错。

注意：

①校验运行时，机床不动作；

②为确保加工程序正确无误，请选择不同的图形显示方式来观察校验运行的结果。

（3）启动自动运行

系统调入零件加工程序，经校验无误后，可正式启动运行：

①按一下机床控制面板上的"自动"按键（指示灯亮），进入程序运行方式；

②按一下机床控制面板上的"循环启动"按键（指示灯亮），机床开始自动运行调入的零件加工程序。

（4）单段运行

按一下机床控制面板上的"单段"按键（指示灯亮），系统处于单段自动运行方式，程序控制将逐段执行：

①按一下"循环启动"按键，运行一程序段，机床运动轴减速停止，刀具、主轴电机停止运行；

②再按一下"循环启动"按键，又执行下一程序段，执行完了后又再次停止。

（5）运行时干预

※进给速度修调

在自动方式或 MDI 运行方式下，当 F 代码编程的进给速度偏高或偏低时，可用进给修调右侧的"100%"和"+""－"按键修调程序中编制的进给速度。

按压"100%"按键"指示灯亮"进给修调倍率被置为 100%，按一下"+"按键，进给修调倍率递增 5%，按一下"－"按键，进给修调倍率递减 5%。

※快移速度修调

在自动方式或 MDI 运行方式下，可用快速修调右侧的"100%"和"+""－"按键，修调 G00 快速移动时系统参数"最高快移速度"设置的速度。

按压"100%"按键（指示灯亮），快速修调倍率被置为 100%，按一下"+"按键，快速修调倍率递增 5%，按一下"－"按键快速修调倍率递减 5%。

※主轴修调

在自动方式或 MDI 运行方式下，当 S 代码编程的主轴速度偏高或偏低时，可用主轴修调右侧的"100%"和"+""-"按键修调程序中编制的主轴速度。

按压"100%"按键(指示灯亮),主轴修调倍率被置为100%,按一下"+"按键主轴修调倍率递增5%,按一下"-"按键,主轴修调倍率递减5%。

机械齿轮换挡时,主轴速度不能修调。

※机床锁住

禁止机床坐标轴动作。

在自动运行开始前,按一下"机床锁住"按键(指示灯亮),再按"循环启动"按键,系统继续执行程序,显示屏上的坐标轴位置信息变化,但不输出伺服轴的移动指令,所以机床停止不动。这个功能用于校验程序。

注意:

①即便是 G28、G29 功能,刀具不运动到参考点;

②机床辅助功能 M、S、T 仍然有效;

③在自动运行过程中,按机床锁住按键机床锁住无效;

④在自动运行过程中,只在运行结束时,方可解除机床锁住;

⑤每次执行此功能后,须再次进行回参考点操作。

 任务实施

一、HNC-21T 数控系统基本结构与主要功能认识

1.数控车床工作台由哪几部分组成?

_____

2.显示器的主要功能是什么?

_____

3.机床控制面板可进行哪些操作?

_____

4.MPG 手持单元由哪几部分组成?各组成部分的作用是什么?

_____

_____

_____

二、软件界面功能认识

1.操作界面加工方式一栏中工作方式都有哪些?

_____

_____

2.操作界面中菜单命令条可通过哪些功能键来进行切换?

_____

三、数控车床上电、关机、急停认识

1.写出数控车床的上电步骤与关机步骤。

上电步骤：＿＿＿＿＿＿＿＿＿＿＿＿＿＿＿＿＿＿＿＿＿＿＿＿

＿＿＿＿＿＿＿＿＿＿＿＿＿＿＿＿＿＿＿＿＿＿＿＿＿＿＿＿＿＿

关机步骤：＿＿＿＿＿＿＿＿＿＿＿＿＿＿＿＿＿＿＿＿＿＿＿＿＿＿

2.简述返回参考点的目的与操作方法？

＿＿＿＿＿＿＿＿＿＿＿＿＿＿＿＿＿＿＿＿＿＿＿＿＿＿＿＿＿＿

＿＿＿＿＿＿＿＿＿＿＿＿＿＿＿＿＿＿＿＿＿＿＿＿＿＿＿＿＿＿

＿＿＿＿＿＿＿＿＿＿＿＿＿＿＿＿＿＿＿＿＿＿＿＿＿＿＿＿＿＿

3.急停按钮的作用是什么？在什么情况下需要按下急停按钮？

＿＿＿＿＿＿＿＿＿＿＿＿＿＿＿＿＿＿＿＿＿＿＿＿＿＿＿＿＿＿

＿＿＿＿＿＿＿＿＿＿＿＿＿＿＿＿＿＿＿＿＿＿＿＿＿＿＿＿＿＿

4.叙述发生超程的原因及如何解除超程？

＿＿＿＿＿＿＿＿＿＿＿＿＿＿＿＿＿＿＿＿＿＿＿＿＿＿＿＿＿＿

＿＿＿＿＿＿＿＿＿＿＿＿＿＿＿＿＿＿＿＿＿＿＿＿＿＿＿＿＿＿

＿＿＿＿＿＿＿＿＿＿＿＿＿＿＿＿＿＿＿＿＿＿＿＿＿＿＿＿＿＿

四、机床手动操作认识

1.机床的手动操作主要包括哪些？

＿＿＿＿＿＿＿＿＿＿＿＿＿＿＿＿＿＿＿＿＿＿＿＿＿＿＿＿＿＿

＿＿＿＿＿＿＿＿＿＿＿＿＿＿＿＿＿＿＿＿＿＿＿＿＿＿＿＿＿＿

2.机床锁住功能的主要作用是什么？

＿＿＿＿＿＿＿＿＿＿＿＿＿＿＿＿＿＿＿＿＿＿＿＿＿＿＿＿＿＿

＿＿＿＿＿＿＿＿＿＿＿＿＿＿＿＿＿＿＿＿＿＿＿＿＿＿＿＿＿＿

3.手动数据输入(MDI)运行方式的主要作用是什么？

＿＿＿＿＿＿＿＿＿＿＿＿＿＿＿＿＿＿＿＿＿＿＿＿＿＿＿＿＿＿

＿＿＿＿＿＿＿＿＿＿＿＿＿＿＿＿＿＿＿＿＿＿＿＿＿＿＿＿＿＿

4.叙述如何新建程序、编辑程序、删除程序、调出已有的程序？

新建程序：＿＿＿＿＿＿＿＿＿＿＿＿＿＿＿＿＿＿＿＿＿＿＿＿＿

＿＿＿＿＿＿＿＿＿＿＿＿＿＿＿＿＿＿＿＿＿＿＿＿＿＿＿＿＿＿

编辑程序：＿＿＿＿＿＿＿＿＿＿＿＿＿＿＿＿＿＿＿＿＿＿＿＿＿

＿＿＿＿＿＿＿＿＿＿＿＿＿＿＿＿＿＿＿＿＿＿＿＿＿＿＿＿＿＿

删除程序：＿＿＿＿＿＿＿＿＿＿＿＿＿＿＿＿＿＿＿＿＿＿＿＿＿

调出已有程序：＿＿＿＿＿＿＿＿＿＿＿＿＿＿＿＿＿＿＿＿＿＿＿

5.简述程序校验的步骤有哪些?

_____

_____

6.简述主轴修调、快速修调、进给修调的作用是什么?

主轴修调:_____

快速修调:_____

进给修调:_____

考核评价

评分标准表

姓名:_____ 学生证号:_____ 日期:_____年___月___日

时间定额:_____分钟 开始时间:_____时_____分 结束时间:_____时_____分

评分人:_____ 得分:_____分

考核项目	考核内容	配分	评分标准	自评10%	互评20%	教师评70%
数控车床面板操作	上电、复位、回参考点、急停和关机步骤	10	操作不正确不得分			
	超程解除操作	10	操作不正确不得分			
	坐标轴移动	5	操作不正确不得分			
	主轴控制	5	操作不正确不得分			
	机床锁住	5	操作不正确不得分			
	其他手动操作:刀位转换、冷却启停、卡盘松紧	5	操作不正确不得分			
	手动方式控制机床运行操作	10	操作不正确不得分			
	手轮方式控制机床运行操作	10	操作不正确不得分			
	手动数据输入(MDI)运行	10	操作不正确不得分			
	程序的调取、新建、编辑与删除	10	操作不正确不得分			
	程序校验操作	10	操作不正确不得分			
	安全文明生产	10	数控车床安全操作规程,违反一项扣2分,扣完为止			

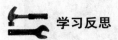 **学习反思**

写一写你在本任务的学习中,掌握了哪些技能,哪些技能还需提升,在操作中需要注意哪些问题?

_____

_____

_____

_____

 **拓展知识**

GSK980TA(广州数控)系统的操作,具体内容见附录一。

任务二　　　　　　　华中)数控系统试切对刀

 任务描述

掌握轴类零件、车刀的装夹方法,能正确操作机床进行试切对刀,并完成工件坐标系的建立。

 知识获取

一、毛坯的装夹

毛坯的装夹步骤与注意事项,以一般短轴类零件为例。

(1)将卡盘卡口调整到大于毛坯直径,将毛坯一头塞入卡口中,并用卡盘扳手进行预紧,以防止毛坯从卡口中掉落,如图1-13所示。

(2)用钢直尺检查毛坯伸出长度,毛坯所伸出长度必须大于被加工工件的总长,伸出长度等于所加工工件总长度加上5 mm。如图1-14所示。

(3)卡盘所夹持部分长度不得少于两爪齿,以保证足够的夹持长度,以防止毛坯因夹持接触面积过小而脱落。

(4)确定夹持长度与伸出长度后,必须用"加力棒"进行最终锁紧。如图1-15所示。

图 1-13 有卡盘扳手预紧毛坯

图 1-14 有钢直尺测量毛坯伸出长度

二、刀具的安装及注意事项

以 90°外圆车刀为例:

（1）准备好刀具及垫片,分别将附着在刀具刀柄部分、垫片以及刀架装刀位置上的残留碎屑清理干净,以保证刀具在安装后的平整性。

（2）将垫片置于刀架刀具安装位置,放入车刀,调整好车刀与垫片的位置,刀柄位置要平行于刀架安装位,刀头伸出长度约为刀柄高度的 1.5 倍,同时垫于刀柄下方的垫片不得超出刀头位置,与刀架边沿平齐为宜。如图 1-16 所示。

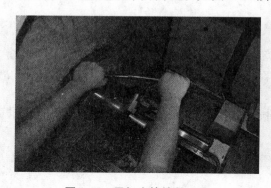

图 1-15 用加力棒锁紧工件

图 1-16 加减垫片调整车刀中心高

（3）车刀的刀尖高度必须等高于主轴轴线高度,刀尖过高或过低都将加剧刀具磨损。检测刀尖高度可先用刀架扳手将车刀进行预紧,预紧后将刀旋转至尾座顶尖一侧,利用顶尖轴线等高于主轴轴线高度的特点来检查刀具刀尖高度是否等高于主轴轴线。通过手动方式或手轮方式将刀架移动到如图 1-17、图 1-18 所示位置来进行判断。

三、试切对刀法的操作、工件坐标系建立及其注意事项

试切对刀法指的是通过试切直径和试切长度来计算刀具偏置值的方法。HNC-21T 系统为每一把刀具独立建立自己的补偿偏置值,该值将会反映到工件坐标系上。具体操作步骤如下:

（1）设定主轴转速,毛坯、刀具装夹好后,通过 MDI 手动输入方式将主轴转速设定为

图1-17 车刀靠近顶尖检查中心高(a) 　　　图1-18 车刀靠近顶尖检查中心高(b)

500 r/min。主轴转速设定方法与步骤:MDI方式→单段→输入M03S500→Enter→循环启动。

(2)工作方式设置为手轮方式,当刀具距离毛坯较远时可选择"手动方式+快进"或选择"手轮×100挡",接近工件约5 mm时使用"手轮×10"挡慢速触碰工件。

(3)进入刀具补偿功能菜单,选择刀偏表用光标键将蓝色亮条移动到要设置刀具的行,对刀操作时,若刀具安装于1号,则蓝色亮条移动至"#0001"位置,若刀具安装于2号,则蓝色亮条移动至"#0002"位置。

(4)X轴对刀与工件X坐标轴建立。

①用车刀试切工件外径,然后沿Z轴方向退刀(注意:在此过程中不要移动X轴)。步骤如下所示:

a.外圆碰刀,如图1-19所示。

图1-19 外圆碰刀

b.试切外圆→车刀退到安全位置→主轴停止,如图1-20所示。

图 1-20　试切外圆

②测量试切后的工件外径,将它手工填入"试切直径"一栏中,X 偏置即可设置完成。步骤如下所示:

a.测量所试切部分直径,如图 1-21 所示。

图 1-21　测量外径

b.刀偏表中将所测得直径填入到试切直径一栏,如图 1-22 所示。

刀偏号	X偏置	Z偏置	X磨损	Z磨损	试切直径	试切长度
#0001	-154.661	-371.270	0.000	0.000	24.140	0.000
#0002	-183.112	-387.310	-0.250	0.000	41.000	
#0003	-195.014	-365.630	-1.200	0.000	15.730	0.000

图 1-22　输入试切直径

移动光标→试切直径→Enter→输入测量所得直径值→Enter。

（5）Z轴对刀与工件Z坐标轴建立。

①用刀具试切工件端面，然后沿X方向退刀。步骤如下所示。

a.端面碰刀，如图1-23所示。

图1-23　端面碰刀

图1-24　试切端面

b.试切端面（平端面如图1-24所示）→车刀退到安全位置→主轴停止，如图1-25所示。

②试切工件端面将刀具所处端面位置定义为工件坐标系Z0，将其填入到"试切长度"一栏中，这把刀的Z偏置即可设置完成。如图1-26所示。

（6）如果要设置其他的刀具，重复以上步骤即可。

（7）对刀操作注意事项。

①进行对刀操作前必须先进行返回参考点操作。

②工件、刀具装夹要紧、正。

③移动刀具到毛坯端面或外圆处进行碰刀，注意刀具碰刀毛坯端面时速度不能过快，以免损坏刀具及设备。

④对刀过程要保持清晰的思路。

图 1-25　X 向退回安全位置

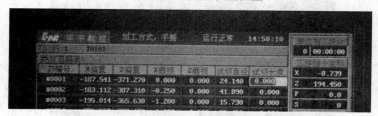

图 1-26　输入试切长度

⑤注意观察显示屏上的各种信息。

⑥做到安全、文明操作。

⑦实习结束前要收好工量刃具,刀架移动到位,关闭电源。

⑧清扫机床及场地卫生。

 任务实施

一、工量刃具准备

1) 工具

工具清单

序号	工具名称	参考图片	备　注
1	卡盘扳手		装夹工件后应立即将卡盘扳手取下,以免主轴转动卡盘扳手飞出伤人
2	刀架扳手		锁紧螺栓时应先进行预紧,再交叉锁紧
3	垫刀片		垫片少而平整

2）刃具

刃具清单及切削参数

序号	刀具号	刀具类型	刀片规格	加工内容	切削用量		参考图片	备　注
					主轴转速	进给速度		
	T0101	90°外圆车刀	80°菱形 R0.4	外圆、端面				粗车
编制		审核			批准		共 1 页	第 1 页

3）量具

量具清单

序号	量具名称	规　格	精　度	参考图片	备　注
1	外径千分尺	0～25 mm，25～50 mm	0.01 mm		
2	钢直尺	0～320 mm	1 mm		

二、对刀工序卡片

试切对刀工序卡

试切对刀工序卡			产品名称	项目名称	项目序号
				试切对刀	01
工序号		夹具名称	夹具编号	使用设备	车间
01		三爪自定心卡盘		CAK6136	数控车床实训室
工步号	工步内容	切削用量			刀具		量具名称	备注
		主轴转速	进给速度	背吃刀量	编号	名称		
1	车削外圆	500	100	0.1	T0101	外圆车刀	外径千分尺	手动
2	车削右端面	500	100	0.1	T0101	外圆车刀		
装夹方案								
编制		审核			批准		共 1 页	第 1 页

21

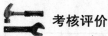 考核评价

评分标准表

姓名：_____ 学生证号：_____ 日期：_____年___月___日

时间定额：_____分钟 开始时间：_____时_____分 结束时间：_____时_____分

评分人：_____ 得分：_____分

考核项目	考核内容	配分	评分标准	自评 10%	互评 20%	教师评 70%
数控车床操作	工件装夹	20	操作不正确不得分			
	刀具安装	20	操作不正确不得分			
	对刀操作	40	操作不正确不得分			
	安全文明生产	20	数控车床安全操作规程,违反一项扣2分,扣完为止			

学习反思

一、思考题

1.为什么要对刀?

_____

_____

2.怎样检验对刀的正确性?

_____

_____

3.对刀不正确会造成什么后果?

_____

_____

_____

二、写一写你在本任务的学习中,掌握了哪些技能,哪些技能还需提升,在对刀过程中需要注意哪些问题?

_____

_____

_____

_____

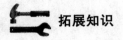 **拓展知识**

FANUC 数控系统的操作说明，具体内容见附录二。

项目 二

简单轴类零件加工

 知识目标

1. 掌握阶梯轴、外圆锥面、外圆弧面、外沟槽、外螺纹加工的相关工艺知识。
2. 掌握 G00、G01、G02、G03、G32 等指令。
3. 掌握辅助指令 M,S,T,F 等指令。
4. 掌握手工编程中的数值换算,如锥度计算,直线与圆弧的交点或切点的计算等。
5. 掌握常用螺纹参数及计算。

 能力目标

1. 熟练操作数控车床及 HNC-21T(华中)数控系统。
2. 会用 G00、G01、G02、G03、G32 指令编制简单轴类零件的加工程序。
3. 能进行简单轴类零件程序的调试与加工操作。
4. 能独立加工简单轴类零件及尺寸精度控制。

 情感态度价值观目标

1. 通过观看相关图片、动画、视频和车间实操,激发学生对数控车床加工技术的兴趣。
2. 形成讨论学习小组,培养学生的交流意识与团队协作精神。
3. 变被动的接受式学习为主动探究式学习。使学生学习的过程成为发现问题、提出问题、分析问题、解决问题的过程。
4. 培养学生的环保意识、质量意识。

任务一　　阶梯轴零件加工

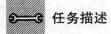 **任务描述**

读懂 2-1 零件图,掌握外圆车刀的正确使用,在数控车床上应用 G00、G01 等指令进行编程,完成零件的加工。材料:铝 $\phi30\times90$。

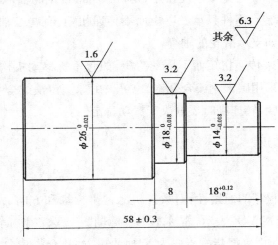

技术要求

1.不准用锉刀或砂布等修饰
工件表面。
2.未注倒角C0.5。
3.未注公差尺寸允许偏差 ±0.1。

图 2-1　阶梯轴零件

 知识获取

一、轴的介绍

轴是穿在轴承中间、车轮中间或齿轮中间的圆柱形物件,但也有少部分是方形的,如图2-2所示。轴是支承转动零件并与之一起回转以传递运动、扭矩或弯矩的机械零件。一般为金属圆杆状,各段可以有不同的直径。机器中作回转运动的零件就装在轴上。

根据轴线形状的不同,轴可以分为曲轴和直轴两类。

根据轴的承载情况,又可分为:

25

图 2-2　轴

（1）转轴,工作时既承受弯矩又承受扭矩,是机械中最常见的轴,如各种减速器中的轴等。

（2）心轴,用来支承转动零件只承受弯矩而不传递扭矩,有些心轴转动,如铁路车辆的轴等,有些心轴则不转动,如支承滑轮的轴等。

（3）传动轴,主要用来传递扭矩而不承受弯矩,如起重机移动机构中的长光轴、汽车的驱动轴等。轴的材料主要采用碳素钢或合金钢,也可采用球墨铸铁或合金铸铁等。轴的工作能力一般取决于强度和刚度,转速高时还取决于振动稳定性。

二、数控编程基本知识

1）机床坐标轴

为简化编程和保证程序的通用性,对数控机床的坐标轴和方向命名制订了统一的标准,规定直线进给坐标轴用 X,Y,Z 表示,常称基本坐标轴。X,Y,Z 坐标轴的相互关系用右手定则决定,如图 2-3 所示,图中大拇指的指向为 X 轴的正方向,食指指向为 Y 轴的正方向,中指指向为 Z 轴的正方向。

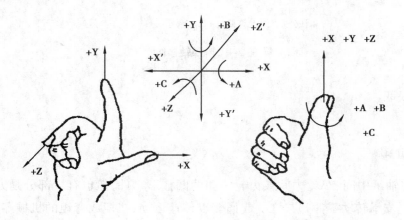

图 2-3　机床坐标轴

围绕 X,Y,Z 轴旋转的圆周进给坐标轴分别用 A,B,C 表示,根据右手螺旋定则,如图所示,以大拇指指向+X,+Y,+Z 方向,则食指、中指等的指向是圆周进给运动的+A,+B,+C

方向。

数控机床的进给运动,有的由主轴带动刀具运动来实现,有的由工作台带着工件运动来实现。上述坐标轴正方向,是假定工件不动,刀具相对于工件做进给运动的方向。如果是工件移动则用加"′"的字母表示,按相对运动的关系,工件运动的正方向恰好与刀具运动的正方向相反,即有:

$$+ X = - X', \ + Y = - Y', \ + Z = - Z',$$
$$+ A = - A', \ + B = - B', \ + C = - C'$$

同样两者运动的负方向也彼此相反。

机床坐标轴的方向取决于机床的类型和各组成部分的布局,对车床而言:

——Z 轴与主轴轴线重合,沿着 Z 轴正方向移动将增大零件和刀具间的距离;

——X 轴垂直于 Z 轴,对应于转塔刀架的径向移动,沿着 X 轴正方向移动将增大零件和刀具间的距离;

——Y 轴(通常是虚设的)与 X 轴和 Z 轴一起构成遵循右手定则的坐标系统。

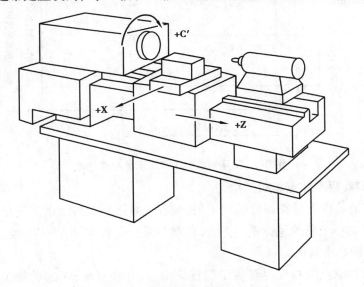

图 2-4　车床坐标轴及其方向

注意:

①本书针对数控车床进行说明,其为 X、Z 两轴联动。

②其中实例图形中坐标系情况如下:

实线刀具代表上位刀架机床,其坐标系为:X 轴向上为正,Z 轴向右为正;

虚线刀具代表下位刀架机床,其坐标系为:X 轴向下为正,Z 轴向右为正。

两种刀架方向的机床,其程序及相应设置相同。

2)机床坐标系、机床零点和机床参考点

机床坐标系是机床固有的坐标系,机床坐标系的原点称为机床原点或机床零点。在机床经过设计、制造和调整后,这个原点便被确定下来,它是固定的点。

数控装置上电时并不知道机床零点,为了正确地在机床工作时建立机床坐标系,通常在每个坐标轴的移动范围内设置一个机床参考点(测量起点),机床启动时,通常要进行机动或手动回到参考点,以建立机床坐标系。

机床参考点可以与机床零点重合,也可以不重合,通过参数指定机床参考点到机床零点的距离。机床回到了参考点位置,也就知道了该坐标轴的零点位置,找到所有坐标轴的参考点,CNC就建立起了机床坐标系。机床坐标轴的机械行程是由最大和最小限位开关来限定的。机床坐标轴的有效行程范围是由软件限位来界定的,其值由制造商定义。机床零点(OM)、机床参考点(Om)、机床坐标轴的机械行程及有效行程的关系如图2-5所示。

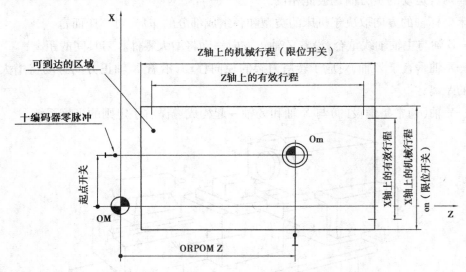

图 2-5　机床零点 OM 和机床参考点 Om

3)工件坐标系、程序原点和对刀点

工件坐标系是编程人员在编程时使用的,编程人员选择工件上的某一已知点为原点(也称程序原点),建立一个新的坐标系,称为工件坐标系。工件坐标系一旦建立便一直有效,直到被新的工件坐标系所取代。

工件坐标系的原点选择要尽量满足编程简单,尺寸换算少,引起的加工误差小等条件。一般情况下,程序原点应选在尺寸标注的基准或定位基准上。对车床编程而言,工件坐标系原点一般选在工件轴线与工件的前端面、后端面、卡爪前端面的交点上。

对刀点是零件程序加工的起始点,对刀的目的是确定程序原点在机床坐标系中的位置,对刀点可与程序原点重合,也可在任何便于对刀之处,但该点与程序原点之间必须有确定的坐标联系。可以通过 CNC 将相对于程序原点的任意点的坐标转换为相对于机床零点的坐标。

加工开始时要设置工件坐标系,用 G92 指令可建立工件坐标系;用 G54—G59 及刀具指令可选择工件坐标系。

G90:绝对值编程,每个编程坐标轴上的编程值是相对于程序原点的。

G91:相对值编程,每个编程坐标轴上的编程值是相对于前一位置而言的,该值等于沿轴移动的距离。

绝对编程时,用 G90 指令后面的 X、Z 表示 X 轴、Z 轴的坐标值。

增量编程时,用 U、W 或 G91 指令后面的 X、Z 表示 X 轴、Z 轴的增量值。

其中表示增量的字符 U、W 不能用于循环指令 G80、G81、G82、G71、G72、G73、G76 程序段中,但可用于定义精加工轮廓的程序中,G90、G91 为模态功能,可相互注销,G90 为缺省值。

例　如图 2-6 所示,使用 G90、G91 编程:要求刀具由原点按顺序移动到 1、2、3 点,然后回到原点。

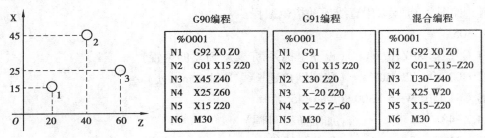

图 2-6　G90/G91 编程

选择合适的编程方式可使编程简化。当图纸尺寸由一个固定基准给定时,采用绝对方式编程较为方便;而当图纸尺寸是以轮廓顶点之间的间距给出时,采用相对方式编程较为方便。G90、G91 可用于同一程序段中,但要注意其顺序所造成的差异。

4) G00、G01、M、S、T 等基本指令应用

(1)快速定位 G00

格式:G00　X(U)____ Z(W)____

说明:

X、Z:为绝对编程时,快速定位终点在工件坐标系中的坐标;

U、W:为增量编程时,快速定位终点相对于起点的位移量;

G00 指令刀具相对于工件以各轴预先设定的速度,从当前位置快速移动到程序段指令的定位目标点。

G00 指令中的快移速度由机床参数"快移进给速度"对各轴分别设定,不能用 F__ 规定。

G00 一般用于加工前快速定位或加工后快速退刀。

快移速度可由面板上的快速修调按钮修正。

G00 为模态功能,可由 G01、G02、G03 或 G32 功能注销。

注意:

在执行 G00 指令时,由于各轴以各自速度移动,不能保证各轴同时到达终点,因而联动直线轴的合成轨迹不一定是直线。操作者必须格外小心,以免刀具与工件发生碰撞。常见的做法是,将 X 轴移动到安全位置,再放心地执行 G00 指令。

(2)直线插补 G01

格式:G01　X(U)____ Z(W)____F____。

29

说明:

X、Z:为绝对编程时终点在工件坐标系中的坐标。

U、W:为增量编程时终点相对于起点的位移量。

F_:合成进给速度。

G01 指令刀具以联动的方式,按 F 规定的合成进给速度,从当前位置按线性路线(联动直线轴的合成轨迹为直线)移动到程序段指令的终点。

G01 是模态代码,可由 G00、G02、G03 或 G32 功能注销。

例 如图 2-7 所示,用直线插补指令编程。

%3305

N1 G92 X100 Z10 　　　　（设立坐标系,定义对刀点的位置）

N2 G00 X16 Z2 M03 　　　　（移到倒角延长线,Z轴 2 mm 处）

N3 G01 U10 W-5 F300 　　（倒 3×45°角）

N4 Z-48 　　　　　　　　　（加工 $\phi26$ 外圆）

N5 U34 W-10 　　　　　　　（切第一段锥）

N6 U20 Z-73 　　　　　　　（切第二段锥）

N7 X90 　　　　　　　　　　（退刀）

N8 G00 X100 Z10 　　　　　（回对刀点）

N9 M05 　　　　　　　　　　（主轴停）

N10 M30 　　　　　　　　　　（主程序结束并复位）

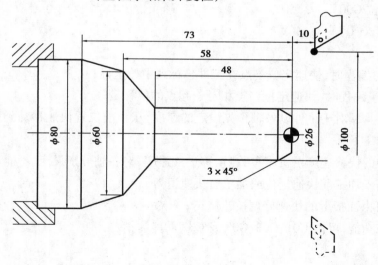

图 2-7　G01 编程实例

（3）主轴控制指令 M03、M04、M05

M03 启动主轴以程序中编制的主轴速度顺时针方向(从 Z 轴正向朝 Z 轴负向看)旋转。

M04 启动主轴以程序中编制的主轴速度逆时针方向旋转。

M05 使主轴停止旋转。

M03、M04 为模态前作用 M 功能;M05 为模态后作用 M 功能,M05 为缺省功能。

M03、M04、M05 可相互注销。

(4)冷却液打开、停止指令 M07、M08、M09

M07、M08 指令将打开冷却液管道。

M09 指令将关闭冷却液管道。

M07、M08 为模态前作用 M 功能;M09 为模态后作用 M 功能,M09 为缺省功能。

(5)主轴功能 S、进给功能 F 和刀具功能 T

①主轴功能 S

主轴功能 S 控制主轴转速,其后的数值表示主轴速度,单位为转/分(r/min)。

恒线速度功能时 S 指定切削线速度,其后的数值单位为米/分(m/min)。(G96 恒线速度有效、G97 取消恒线速度)

S 是模态指令,S 功能只有在主轴速度可调节时有效。

S 所编程的主轴转速可以借助机床控制面板上的主轴倍率开关进行修调。

②进给速度 F

F 指令表示工件被加工时刀具相对于工件的合成进给速度,F 的单位取决于 G94(每分钟进给量 mm/min)或 G95(主轴每转一转刀具的进给量 mm/r)。

使用下式可以实现每转进给量与每分钟进给量的转化。

$$f_\mathrm{m} = f_\mathrm{r} \times S$$

f_m:每分钟的进给量:(mm/min);

f_r:每转进给量:(mm/r);

S:主轴转数,(r/min)。

当工作在 G01、G02 或 G03 方式下,编程的 F 一直有效,直到被新的 F 值所取代,而工作在 G00 方式下,快速定位的速度是各轴的最高速度,与所编 F 无关。

借助机床控制面板上的倍率按键,F 可在一定范围内进行倍率修调。当执行攻丝循环 G76、G82,螺纹切削 G32 时,倍率开关失效,进给倍率固定在 100%。

注意:

①当使用每转进给量方式时,必须在主轴上安装一个位置编码器。

②直径编程时,X 轴方向的进给速度为:半径的变化量/分、半径的变化量/转。

③刀具功能(T 机能)

T 代码用于选刀,其后的 4 位数字分别表示选择的刀具号和刀具补偿号。T 代码与刀具的关系是由机床制造厂规定的,请参考机床厂家的说明书。执行 T 指令,转动转塔刀架,选用指定的刀具。当一个程序段同时包含 T 代码与刀具移动指令时:先执行 T 代码指令,而后执行刀具移动指令。T 指令同时调入刀补寄存器中的补偿值。

 任务实施

一、工量具准备

1)工具

工具清单

序号	工具名称	参考图片	备　注
1	卡盘扳手		装夹工件后应立即将卡盘扳手取下,以免主轴转动卡盘扳手飞出伤人
2	刀架扳手		使用后放回指定位置
3	垫刀片		垫片尽可能少而平整

2)刃具

刃具清单及切削参数

刀具号	刀具类型	刀片规格	加工内容	切削用量		参考图片	备　注
				主轴转速	进给速度		
T0101	90°外圆车刀	80°菱形 R0.4	外圆、端面				粗车
编制		审核		批准		共1页	第1页

3)量具

量具清单

序号	量具名称	规　格	精　度	参考图片	备　注
1	游标卡尺	0~150 mm	0.02 mm		
2	外径千分尺	0~25 mm,25~50 mm	0.01 mm		
3	钢直尺	0~320 mm	1 mm		

二、数控加工工序单

加工工序单

图纸编号	学生证号	操作人员	日　期	毛坯材料	加工设备编号

序号	工序内容	刀具			主轴转速/$(r \cdot min^{-1})$	进给量/$(mm \cdot r^{-1})$	切深 mm	切削液	备　注
		类型	材料	规格					
1									
2									
3									
4									
5									
6									
7									
8									
9									
10									

装夹定位示意图:	说明: 编程原点位置示意图	其他说明:

三、加工程序

加工程序单

项目 序号		任务名称		编程 原点	
程序号		数控系统		编制人	
程序段号		程序内容		简要说明	

程序段号	程序内容	简要说明

四、零件加工

1）加工前准备

①束紧服装、套袖,戴好工作帽、防护眼镜。

②检查电器配电箱门是否关闭牢靠,电器接地良好。

③机床上电。检查操作面板是否有异常。

④回参考点。回参考点的步骤及注意事项有哪些?

_____

_____

⑤检查润滑系统、冷却系统是否良好。

⑥检查机床、导轨以及各主要滑动面,如有障碍物、工具、铁屑、杂质等,必须清理、擦拭干净、上油。

⑦检查工作台、导轨及主要滑动面有无拉、研、碰伤,如有应通知指导教师一起查看,并作好记录。

⑧检查安全防护、急停按钮和换向等装置是否齐全完好。

⑨检查刀架应处于非工作位置。

⑩检查刀具及刀片是否松动,检查刀具有无磨损或崩缺。

⑪关好机床防护门。

⑫机床工作开始前预热 3~5 分钟。

2）程序输入

通过机床操作面板将程序输入到数控系统中。

3）空运行及仿真

对输入的程序进行空运行及仿真,以检验程序是否正确。

4）安装刀具、装夹工件和对刀

①安装刀具要注意什么?

_____

②装夹工件要注意什么?

_____

③对刀的步骤及注意事项有哪些?

_____

_____

5）零件自动加工及尺寸控制

粗加工结束后,机床暂停,此时可检测工件尺寸,根据实际尺寸调刀具磨损,程序执行精加工,直至尺寸达到要求。

6) 整理、清扫、清洁现场

按照"7S"标准。

注意事项：

为确保安全操作,自动运行加工程序,建议先采用"单段"方式运行,并将快速倍率调慢至25%,进给倍率减慢到80%,检查刀具偏置正确无误,方可进入自动运行。

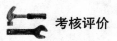 **考核评价**

评分标准表

姓名：_____　　学生证号：_____　　日期：____年___月___日

时间定额：____分钟　　开始时间：____时____分　　结束时间：____时____分

评分人：_____　　得分：_____分

序号	考核项目	考核内容	配分	评分标准	自评 10%	互评 20%	教师评 70%
1	径向尺寸精度	$\phi 26_{-0.021}^{0}$	18	超差 0.005 扣 5 分			
		$\phi 18_{-0.018}^{0}$	18	超差 0.01 扣 5 分			
		$\phi 14_{-0.018}^{0}$	18	超差 0.01 扣 5 分			
2	长度尺寸精度	$18_{0}^{+0.12}$	8	超差 0.1 扣 5 分			
		58 ± 0.3	8	超差 0.1 扣 5 分			
		其他任一长度尺寸	4	超差 0.1 扣 2 分			
3	表面粗糙度	$R_a1.6$ 各处	2	一处达不到扣 2 分			
		$R_a3.2$ 各处	2	一处达不到扣 1 分			
		$R_a6.3$ 各处	2	一处达不到扣 1 分			
4	形位公差	圆度 0.013	2	超差 0.01 扣 1 分			
		同轴度/垂直度 0.025	2	超差 0.01 扣 1 分			
5	加工工艺和程序编制	加工工艺合理性	3	不合理扣 3 分			
		程序正确完整性	3	不完整扣 2 分			
		刀具选择合理性	3	不合理扣 3 分			
		工件装夹定位合理性	2	不合理扣 2 分			
		切削用量选择合理性	3	不合理扣 3 分			
		切削液使用合理性	2	不合理扣 1 分			

续表

序号	考核项目	考核内容	配分	评分标准	自评 10%	互评 20%	教师评 70%
6	安全文明生产	1.安全正确操作设备 2.工作场地整洁,工件、量具、夹具等器具摆放整齐规范 3.做好事故防范措施,填写交接班记录,并将出现的事故发生原因、过程及处理结果记入运行档案 4.做好环境保护		每违反一项从总分扣除2分,发生重大事故者取消考试资格并赔偿相应的损失。扣分不超过10分			

 学习反思

写一写你在本任务的学习中,掌握了哪些技能,哪些技能还需提升,在加工中需要注意哪些问题?

_____

_____

_____

_____

拓展知识

(1)车刀切削部分应具备的基本性能

车刀切削部分在很高的切削温度下工作,连续经受强烈的摩擦,并承受很大的切削力和冲击,所以车刀切削部分的材料必须具备下列基本性能:

①较高的硬度:常温下,车刀硬度应在60HRC以上。

②较高的耐磨性和耐热性。

③足够的强度和韧性。

④较好的导热性。

⑤良好的工艺性和经济性。

(2)车刀切削部分的常用材料

目前,车刀切削部分常用的材料有高速钢和硬质合金两大类。

①高速钢　高速钢是含钨(W)、钼(Mo)、铬(Cr)、钒(V)等合金元素较多的工具钢,热处理后硬度为62~66HRC,红硬性为600 ℃左右。高速钢刀具制造简单,刃磨方便,韧性较好,但耐热性较差,因此不能用于高速切削,高速钢的类别、常用牌号、性质及应用见下表:

37

类 别	常用牌号	性 质	应 用
钨系	W18Cr4V	性能稳定,刃磨及热处理工艺控制较方便	钨的价格较高,国外已很少采用。目前国内使用普遍,以后将逐渐减少
钨钼系	W6Mo5Cr4V2	以1%的钼取代2%的钨,其高温塑性与韧度都超过W18Cr4V,而其切削性能却大致相同	主要用于制造热轧工具,如麻花钻等
	W9Mo3Cr4V	强度和韧性均比W6Mo5Cr4V2好,高温塑性和切削性能良好	使用将逐渐增多

②硬质合金 硬质合金硬度、耐磨性和耐热性均高于高速钢。常温硬度达89~94HRA(相当于74~84HRC),红硬性为800~1 000 ℃。钢件切削时,切削速度可达220 m/min左右。硬质合金的缺点是韧性较差,承受不了大的冲击力,但这一缺陷可通过刃磨合理的刀具角度来弥补。硬质合金是目前应用最广泛的一种车刀材料。

切削用硬质合金按其切屑排出形式和加工对象的范围可分为三个主要类别,分类、用途、性能、代号(GB 2075—87)以及与旧牌号的对照见下表:

类 别	成 分	用 途	加工材料	常用代号	性能 耐磨性	性能 韧性	加工阶段	旧牌号
K类(钨钴类)	WC +Co	适于加工短切屑的黑色金属、有色金属及非金属,如铸铁、铸造铜合金等脆性材料。但在切削难加工材料或振动较大(如断续切削塑性金属)的特殊情况时也较合适		K01	↑	↓	精加工	YG3
				K10			半精加工	YG6
				K20			粗加工	YG8
P类(钨钛钴类)	WC+ TiC+ Co	适于加工长切屑的黑色金属,如45号钢或其他韧性较大的塑性金属,不宜用于加工脆性金属		P01	↑	↓	精加工	YT30
				P10			半精加工	YT15
				P30			粗加工	YT5
M类〔钨钛钽(铌)钴类〕	WC+TiC+TaC(NbC)+Co	既可加工铸铁、有色金属,又可加工碳素钢、合金钢,故又称通用合金。主要用于加工高温合金、高锰钢、不锈钢以及可锻铸铁、球墨铸铁、合金铸铁等难加工材料		M10	↑	↓	精加工半精加工	YW1
				M20			半精加工粗加工	YW2

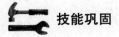

技能巩固

1.加工如图 2-8 所示的零件。材料:铝 $\phi25\times90$。

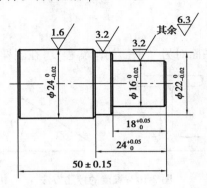

技术要求
1.不准用锉刀或砂布等修饰工件表面。
2.未注倒角C0.5。
3.未注公差尺寸允许偏差 ±0.1。

图 2-8　阶梯轴

任务二　外圆锥面零件加工

任务描述

读懂 2-9 零件图,掌握外圆车刀的正确使用,在数控车床上应用 G00、G01 等指令进行编程,完成零件的加工。

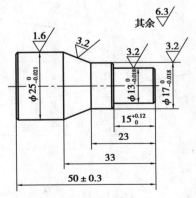

技术要求
1.不准用锉刀或砂布等修饰工件表面。
2.未注倒角C0.5。
3.未注公差尺寸允许偏差 ±0.1。

图 2-9　外圆锥面零件

知识获取

斜度和锥度

1）斜度

一直线对另一直线或一平面对另一平面的倾斜程度，在图样中以 $1:n$ 的形式标注。

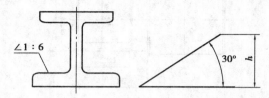

图 2-10 锥度的标注方法

2）锥度

正圆锥底圆直径与圆锥高度之比，在图样中以 $1:n$ 的形式标注。

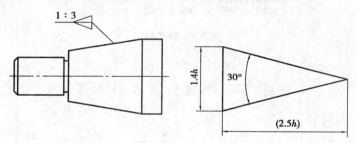

图 2-11 锥度标注图

3）锥度和斜度的计算

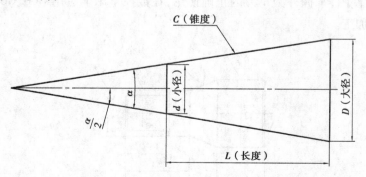

大端直径　　D：　$D=d+CL$；　　　$D=d+2L \tan \dfrac{\alpha}{2}$

小端直径　　d：　$d=D-CL$；　　　$d=D-2L \tan \dfrac{\alpha}{2}$

锥度 C： $C = \dfrac{D-d}{L}$

锥体长度 L： $L = \dfrac{D-d}{C}$； $L = \dfrac{D-d}{2\tan\dfrac{\alpha}{2}}$

斜度 S： $S = \tan\dfrac{\alpha}{2}$；$S = \dfrac{D-d}{2L}$；$S = \dfrac{C}{2}$

 任务实施

一、工量刃具准备

1) 工具

工具清单

序号	工具名称	参考图片	备 注
1	卡盘扳手		装夹工件后应立即将卡盘扳手取下,以免主轴转动卡盘扳手飞出伤人
2	刀架扳手		使用后放回指定位置
3	垫刀片		垫片尽可能少而平整

2) 刃具

刃具清单及切削参数

序号	刀具号	刀具类型	刀片规格	加工内容	切削用量		参考图片	备 注
					主轴转速	进给速度		
1	T0101	90°外圆车刀	80°菱形 $R0.4$	外圆、端面				粗车
编制			审核		批准		共1页	第1页

41

3) 量具

量具清单

序号	量具名称	规　格	精　度	参考图片	备　注
1	游标卡尺	0~150 mm	0.02 mm		
2	外径千分尺	0~25 mm, 25~50 mm	0.01 mm		
3	钢直尺	0~320 mm	1 mm		

二、数控加工工序单

加工工序单

图纸编号	学生证号	操作人员	日期	毛坯材料	加工设备编号

序号	工序内容	刀具			主轴转速/ $(r \cdot min^{-1})$	进给量/ $(mm \cdot r^{-1})$	切深/ mm	切削液	备注
		类型	材料	规格					
1									
2									
3									
4									
5									
6									
7									
8									
9									
10									

装夹定位示意图:	说明: 编程原点位置示意图	其他说明:

三、加工程序

加工程序单

项目序号		任务名称		编程原点	
程序号		数控系统		编制人	
程序段号	程序内容		简要说明		

四、零件加工

1) 加工准备

①检查毛坯尺寸。

②开机、回参考点、关机。

开机步骤	回参考点注意事项	关机步骤

2) 程序输入及程序校验

①先通过机床操作面板将程序输入到数控机床中，然后检验加工程序是否正确。

②碰到的问题有哪些：＿＿＿＿＿＿＿＿＿＿＿＿＿＿＿＿＿＿＿＿＿＿＿＿＿＿＿＿＿
＿＿＿＿＿＿＿＿＿＿＿＿＿＿＿＿＿＿＿＿＿＿＿＿＿＿＿＿＿＿＿＿＿＿＿＿＿＿＿

③装夹工件。

装夹工件的注意事项：＿＿＿＿＿＿＿＿＿＿＿＿＿＿＿＿＿＿＿＿＿＿＿＿＿＿＿＿
＿＿＿＿＿＿＿＿＿＿＿＿＿＿＿＿＿＿＿＿＿＿＿＿＿＿＿＿＿＿＿＿＿＿＿＿＿＿＿

④安装刀具。

安装刀具的注意事项：＿＿＿＿＿＿＿＿＿＿＿＿＿＿＿＿＿＿＿＿＿＿＿＿＿＿＿＿
＿＿＿＿＿＿＿＿＿＿＿＿＿＿＿＿＿＿＿＿＿＿＿＿＿＿＿＿＿＿＿＿＿＿＿＿＿＿＿

⑤试切对刀、设定刀补。

试切对刀、设定刀补的步骤及注意事项：＿＿＿＿＿＿＿＿＿＿＿＿＿＿＿＿＿＿＿＿
＿＿＿＿＿＿＿＿＿＿＿＿＿＿＿＿＿＿＿＿＿＿＿＿＿＿＿＿＿＿＿＿＿＿＿＿＿＿＿

⑥加工中应如何控制尺寸？

＿＿＿＿＿＿＿＿＿＿＿＿＿＿＿＿＿＿＿＿＿＿＿＿＿＿＿＿＿＿＿＿＿＿＿＿＿＿＿
＿＿＿＿＿＿＿＿＿＿＿＿＿＿＿＿＿＿＿＿＿＿＿＿＿＿＿＿＿＿＿＿＿＿＿＿＿＿＿
＿＿＿＿＿＿＿＿＿＿＿＿＿＿＿＿＿＿＿＿＿＿＿＿＿＿＿＿＿＿＿＿＿＿＿＿＿＿＿

注意事项：

为确保安全操作，自动运行加工程序，建议先采用"单段"方式运行，并将快速倍率调慢至

25%,进给倍率减慢到 80%,检查刀具偏置正确无误,方可进入自动运行。

考核评价

评分标准表

姓名:＿＿＿＿＿＿＿＿　　学生证号:＿＿＿＿＿＿＿＿＿＿　　日期:＿＿＿年＿＿月＿＿日

时间定额:＿＿＿＿分钟　　开始时间:＿＿＿＿时＿＿＿＿分　　结束时间:＿＿＿＿时＿＿＿＿分

评分人:＿＿＿＿＿＿＿＿　　得分:＿＿＿＿＿＿＿分

序号	考核项目	考核内容	配分	评分标准	自评 10%	互评 20%	教师评 70%
1	径向尺寸精度	$\phi25_{-0.021}^{0}$	18	超差 0.005 扣 5 分			
		$\phi17_{-0.018}^{0}$	18	超差 0.01 扣 5 分			
		$\phi13_{-0.018}^{0}$	18	超差 0.01 扣 5 分			
2	长度尺寸精度	$15_{0}^{+0.12}$	8	超差 0.1 扣 5 分			
		50 ± 0.3	8	超差 0.1 扣 5 分			
		其他任一长度尺寸	4	超差 0.1 扣 2 分			
3	表面粗糙度	$R_a1.6$ 各处	2	一处达不到扣 2 分			
		$R_a3.2$ 各处	2	一处达不到扣 1 分			
		$R_a6.3$ 各处	2	一处达不到扣 1 分			
4	形位公差	圆度 0.013	2	超差 0.01 扣 1 分			
		同轴度/垂直度 0.025	2	超差 0.01 扣 1 分			
5	加工工艺和程序编制	加工工艺合理性	3	不合理扣 3 分			
		程序正确完整性	3	不完整扣 2 分			
		刀具选择合理性	3	不合理扣 3 分			
		工件装夹定位合理性	2	不合理扣 2 分			
		切削用量选择合理性	3	不合理扣 3 分			
		切削液使用合理性	2	不合理扣 1 分			
6	安全文明生产	1.安全正确操作设备 2.工作场地整洁,工件、量具、夹具等器具摆放整齐规范 3.做好事故防范措施,填写交接班记录,并将出现的事故发生原因、过程及处理结果记入运行档案 4.做好环境保护		每违反一项从总分扣除 2 分,发生重大事故者取消考试资格并赔偿相应的损失。扣分不超过 10 分			

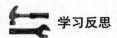 **学习反思**

写一写你在本任务的学习中,掌握了哪些技能,哪些技能还需提升,在加工中需要注意哪些问题?

_____

_____

_____

_____

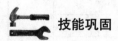 **拓展知识**

莫氏锥度是一个锥度的国际标准,用于静配合以精确定位。由于锥度很小,利用摩擦力的原理,可以传递一定的扭矩,又因为是锥度配合,所以可以方便的拆卸。在同一锥度的一定范围内,工件可以自由的拆装,同时在工作时又不会影响到使用效果,比如钻孔的锥柄钻,如果使用中需要拆卸钻头磨削,拆卸后重新装上不会影响钻头的中心位置。

莫氏锥度,有 0、1、2、3、4、5、6 共七个号,锥度值有一定的变化,每一型号外锥大径基本尺寸分别为 9.045、12.065、17.78、23.825、31.267、44.399、63.348。主要用于各种刀具(如钻头、铣刀)各种刀杆及机床主轴孔锥度。

莫氏锥度又分为长锥和短锥,长锥多用于主动机床的主轴孔,短锥用于机床附件和机床连接孔,莫氏短锥有 B10、B12、B16、B18、B22、B24 六个型号,他们是根据莫氏长锥 1、2、3 号缩短而来,例如 B10 和 B12 是莫氏长锥 1 号的大小两端,一般机床附件根据大小和所需传动扭矩选择使用的短锥,如常用的钻夹头 1~13 mm 通常都是采用 B16 的短锥孔。

技能巩固

加工如图 2-12 所示的零件。

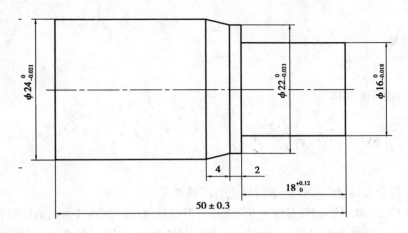

图 2-12　外圆锥面零件

任务三　外圆弧面零件加工

任务描述

读懂 2-13 零件图,掌握螺纹车刀、外圆车刀、切槽车刀等刀具的正确使用,在数控车床上应用 G00、G01、G02、G03 等指令进行编程,完成零件的加工。材料:铝 $\phi25\times90$。

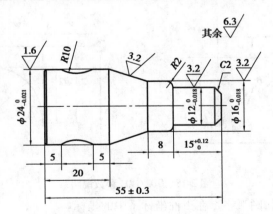

技术要求
1.不准用锉刀或砂布等修饰工件表面。
2.未注倒角C0.5。
3.未注公差尺寸允许偏差 ±0.1。

图 2-13　外圆弧零件

知识获取

一、圆弧进给 G02/G03

格式：$\begin{Bmatrix} G02 \\ G03 \end{Bmatrix} X(U)\_Z(W)\_\begin{Bmatrix} I\_K\_ \\ R\_ \end{Bmatrix} F\_$

说明：

G02/G03 指令刀具，按顺时针/逆时针进行圆弧加工。

圆弧插补 G02/G03 的判断，是在加工平面内，根据其插补时的旋转方向为顺时针/逆时针来区分的。加工平面为观察者迎着 Y 轴的指向，所面对的平面，见图 2-14 所示。G02：顺时针圆弧插补；G03：逆时针圆弧插补；

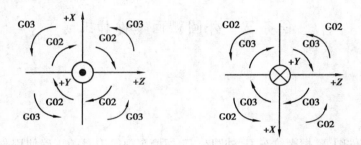

图 2-14　G02/G03 插补方向

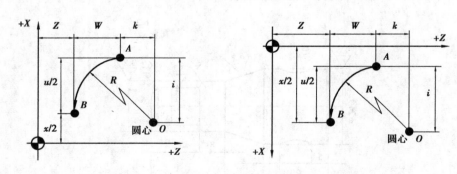

图 2-15　G02/G03 参数说明

X、Z：为绝对编程时，圆弧终点在工件坐标系中的坐标。

U、W：为增量编程时，圆弧终点相对于圆弧起点的位移量。

I、K：圆心相对于圆弧起点的增加量（等于圆心的坐标减去圆弧起点的坐标，如图 2-16 所示），在绝对、增量编程时都是以增量方式指定，在直径、半径编程时 I 都是半径值。

R：圆弧半径。

F：被编程的两个轴的合成进给速度。

注意：

48

①顺时针或逆时针是从垂直于圆弧所在平面的坐标轴的正方向看到的回转方向。

②同时编入 R 与 I、K 时，R 有效。

例 如图 2-16 所示，用圆弧插补指令编程。

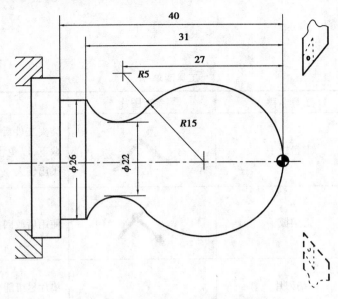

图 2-16　G02/G03 编程实例

%3308

N1 G92 X40 Z5　　　　　　　（设立坐标系，定义对刀点的位置）

N2 M03 S400　　　　　　　　（主轴以 400 r/min 旋转）

N3 G00 X0　　　　　　　　　（到达工件中心）

N4 G01 Z0 F60　　　　　　　（工进接触工件毛坯）

N5 G03 U24 W–24 R15　　　（加工 R15 圆弧段）

N6 G02 X26 Z–31 R5　　　　（加工 R5 圆弧段）

N7 G01 Z–40　　　　　　　　（加工 φ26 外圆）

N8 X40 Z5　　　　　　　　　（回对刀点）

N9 M30　　　　　　　　　　（主轴停、主程序结束并复位）

 任务实施

一、工量刃具准备

1) 工具

工具清单

序号	工具名称	参考图片	备 注
1	卡盘扳手		装夹工件后应立即将卡盘扳手取下,以免主轴转动卡盘扳手飞出伤人
2	刀架扳手		使用后放回指定位置
3	垫刀片		垫片尽可能少而平整

2) 刃具

刃具清单及切削参数

序号	刀具号	刀具类型	刀片规格	加工内容	切削用量		参考图片	备 注
					主轴转速	进给速度		
1	T0101	90°外圆车刀	80°菱形 R0.4	外圆、端面				粗车
2	T0202	93°外圆车刀	35°菱形 R0.4	外圆、端面				

编制		审核		批准		共1页	第1页

50

3) 量具

量具清单

序号	量具名称	规格	精度	参考图片	备 注
1	游标卡尺	0~150 mm	0.02 mm		
2	外径千分尺	0~25 mm, 25~50 mm	0.01 mm		
3	钢直尺	0~320 mm	1 mm		

二、数控加工工序单

加工工序单

图纸编号	学生证号	操作人员	日期	毛坯材料	加工设备编号

序号	工序内容	刀具			主轴转速/ $(r \cdot min^{-1})$	进给量/ $(mm \cdot r^{-1})$	切深/ mm	切削液	备 注
		类型	材料	规格					
1									
2									
3									
4									
5									
6									
7									
8									
9									
10									

装夹定位示意图:

说明:
编程原点位置示意图

其他说明:

三、加工程序

加工程序单

项目 序号		任务名称		编程 原点	
程序号		数控系统		编制人	
程序 段号	程序内容		简要说明		

四、零件加工

1）加工准备

①检查毛坯尺寸。

②开机、回参考点、关机。

开机步骤	回参考点注意事项	关机步骤

2）程序输入及程序校验

①先通过机床操作面板将程序输入到数控机床中,然后检验加工程序是否正确。

②碰到的问题有哪些：＿＿＿＿＿＿＿＿＿＿＿＿＿＿＿＿＿＿

＿＿＿＿＿＿＿＿＿＿＿＿＿＿＿＿＿＿＿＿＿＿＿＿＿＿＿＿

③装夹工件。

装夹工件的注意事项：＿＿＿＿＿＿＿＿＿＿＿＿＿＿＿＿＿

＿＿＿＿＿＿＿＿＿＿＿＿＿＿＿＿＿＿＿＿＿＿＿＿＿＿＿＿

④安装刀具。

安装刀具的注意事项：＿＿＿＿＿＿＿＿＿＿＿＿＿＿＿＿＿

＿＿＿＿＿＿＿＿＿＿＿＿＿＿＿＿＿＿＿＿＿＿＿＿＿＿＿＿

⑤试切对刀、设定刀补。

试切对刀、设定刀补的步骤及注意事项：＿＿＿＿＿＿＿＿

＿＿＿＿＿＿＿＿＿＿＿＿＿＿＿＿＿＿＿＿＿＿＿＿＿＿＿＿

⑥加工中应如何控制尺寸？

＿＿＿＿＿＿＿＿＿＿＿＿＿＿＿＿＿＿＿＿＿＿＿＿＿＿＿＿

＿＿＿＿＿＿＿＿＿＿＿＿＿＿＿＿＿＿＿＿＿＿＿＿＿＿＿＿

＿＿＿＿＿＿＿＿＿＿＿＿＿＿＿＿＿＿＿＿＿＿＿＿＿＿＿＿

注意事项：

为确保安全操作,自动运行加工程序,建议先采用"单段"方式运行,并将快速倍率调慢至25%,进给倍率减慢到80%,检查刀具偏置正确无误,方可进入自动运行。

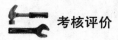 考核评价

评分标准表

姓名：_____　　学生证号：_____　　　　日期：_____年___月___日

时间定额：_____分钟　　开始时间：_____时_____分　　结束时间：_____时_____分

评分人：_____　　得分：_____分

序号	考核项目	考核内容	配分	评分标准	自评 10%	互评 20%	教师评 70%
1	径向尺寸精度	$\phi 24_{-0.021}^{0}$	15	超差0.005扣5分			
		$\phi 16_{-0.018}^{0}$	15	超差0.01扣5分			
		$\phi 12_{-0.018}^{0}$	15	超差0.01扣5分			
2	长度尺寸精度	$15_{0}^{+0.12}$	8	超差0.1扣5分			
		55 ± 0.3	8	超差0.1扣5分			
		其他任一长度尺寸	4	超差0.1扣2分			
2	圆弧尺寸精度	$R10$、$R2$	5	样板检测,超差0.1扣2分			
	倒角尺寸	C2	2	常规检测			
		C0.5	2	常规检测			
3	表面粗糙度	$R_a1.6$各处	2	一处达不到扣2分			
		$R_a3.2$各处	2	一处达不到扣1分			
		$R_a6.3$各处	2	一处达不到扣1分			
4	形位公差	圆度0.013	2	超差0.01扣1分			
		同轴度/垂直度0.025	2	超差0.01扣1分			
5	加工工艺和程序编制	加工工艺合理性	3	不合理扣3分			
		程序正确完整性	3	不完整扣2分			
		刀具选择合理性	3	不合理扣3分			
		工件装夹定位合理性	2	不合理扣2分			
		切削用量选择合理性	3	不合理扣3分			
		切削液使用合理性	2	不合理扣1分			
6	安全文明生产	1.安全正确操作设备 2.工作场地整洁,工件、量具、夹具等器具摆放整齐规范 3.做好事故防范措施,填写交接班记录,并将出现的事故发生原因、过程及处理结果记入运行档案 4.做好环境保护		每违反一项从总分扣除2分,发生重大事故者取消考试资格并赔偿相应的损失。扣分不超过10分			

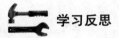 学习反思

写一写你在本任务的学习中,掌握了哪些技能,哪些技能还需提升,在加工中需要注意哪些问题?

_____

_____

_____

_____

 拓展知识

倒角加工

格式:G01 X(U)_____ Z(W)_____ C_____ ;

说明:该指令用于直线后倒直角,指令刀具从 A 点到 B 点,然后到 C 点(见图2-17)。

X、Z:绝对编程时,为未倒角前两相邻程序段轨迹的交点 G 的坐标值;

U、W:增量编程时,为 G 点相对于起始直线轨迹的始点 A 点的移动距离。

C:倒角终点 C ,相对于相邻两直线的交点 G 的距离。

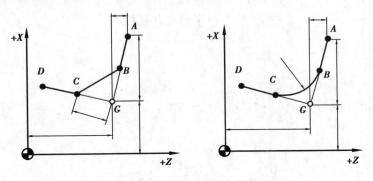

图2-17 倒角参数说明

格式:G01 X(U)_____ Z(W)_____ R_____ ;

说明:该指令用于直线后倒圆角,指令刀具从 A 点到 B 点,然后到 C 点(见图2-17)。

X、Z:绝对编程时,为未倒角前两相邻程序段轨迹的交点 G 的坐标值;

U、W:增量编程时,为 G 点相对于起始直线轨迹的始点 A 点的移动距离。

R:是倒角圆弧的半径值。

例 如图2-18所示,用倒角指令编程。

%3310

N10 G92 X70 Z10　　　(设立坐标系,定义对刀点的位置)

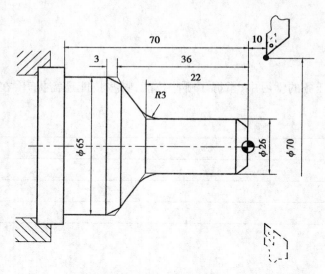

图 2-18　倒角编程实例

N20 G00 U–70 W–10　（从编程规划起点,移到工件前端面中心处）

N30 G01 U26 C3 F100　（倒 3×45°直角）

N40 W–22 R3　（倒 R3 圆角）

N50 U39 W–14 C3　（倒边长为 3 等腰直角）

N60 W–34　（加工 ϕ65 外圆）

N70 G00 U5 W80　（回到编程规划起点）

N80 M30　（主轴停、主程序结束并复位）

技能巩固

加工如图 2-19 所示的零件。材料:铝 ϕ25×90。

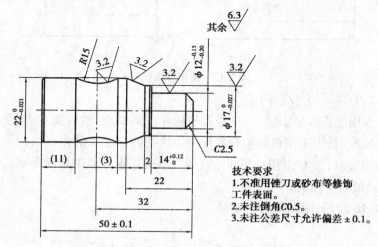

技术要求
1.不准用锉刀或砂布等修饰
工件表面。
2.未注倒角C0.5。
3.未注公差尺寸允许偏差 ±0.1。

图 2-19　带圆弧的零件

任务四　外沟槽零件加工

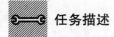 **任务描述**

读懂 2-20 零件图,掌握外圆车刀、切槽车刀等刀具的正确使用,在数控车床上应用 G00、G01 等指令进行编程,完成零件的加工。用任务三零件加工沟槽。

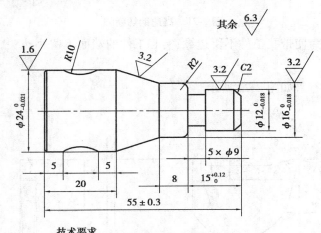

其余 6.3

技术要求
1.不准用锉刀或砂布等修饰工件表面。
2.未注倒角$C0.5$。
3.未注公差尺寸允许偏差 ±0.1。

图 2-20　外沟槽零件

 知识获取

为在加工时便于退刀,且在装配时与相邻零件保证靠紧,在台肩处应加工出退刀槽。退刀槽和越程槽是在轴的根部和孔的底部做出的环形沟槽。

沟槽的作用一是保证加工到位,二是保证装配时相邻零件的端面靠紧。一般用于车削加工中的(如车外圆,镗孔等)叫退刀槽,用于磨削加工的叫砂轮越程槽。

1)切断(槽)刀及应用

切断刀以横向进给为主,前端的切削刃是主切削刃,两侧的切削刃是副切削刃。因其刀体较长,刀头强度比其他车刀相对较低,所以在选择几何参数和切削用量时应特别注意。

①高速钢切断刀,如图 2-21 所示。

为了使切削顺利,在切断刀的前面上磨出的卷屑槽,卷屑槽的长度应超过切入深度,但卷屑槽不可过深,一般槽深为 0.75～1.5 mm,否则会削弱刀头强度。

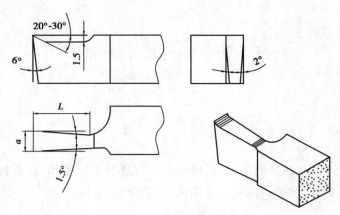

图 2-21　高速钢切断刀

在切断工件时,为使带孔工件不留边缘,实心工件的端面不留小凸头,可将切断刀的切削刃略磨斜些。

②硬质合金切断刀,如图 2-22 所示。

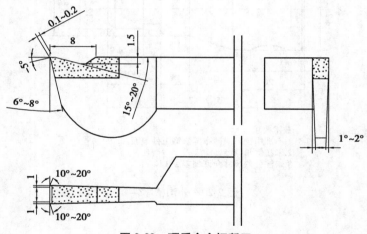

图 2-22　硬质合金切断刀

由于切断时的切屑和工件槽宽相等,切屑容易堵塞在槽内而不易排出。为排屑顺利,可把主切削刃两边倒角或磨成人字形。

高速切断时,会产生大量的热量,为防止刀片脱焊,必须浇注充分的切削液,发现切削刃磨钝时,应及时刃磨。

2)切断刀几何参数选择

切断刀几何角度见上图。实际应用中,根据切断或切槽的形状尺寸,需要确定刀头的宽度 a 和刀头长度 L,经验公式如下:

$$a \approx (0.5 \sim 0.6)\sqrt{D}$$

$$L = h + (2 \sim 3)$$

D 为切断或切槽工件最大直径;h 为切入深度。

单位:mm

任务实施

一、工量刃具准备

1) 工具

工具清单

序号	工具名称	参考图片	备 注
1	卡盘扳手		装夹工件后应立即将卡盘扳手取下,以免主轴转动卡盘扳手飞出伤人
2	刀架扳手		使用后放回指定位置
3	垫刀片		垫片尽可能少而平整

2) 刃具

刃具清单及切削参数

序号	刀具号	刀具类型	刀片规格	加工内容	切削用量		参考图片	备 注
					主轴转速	进给速度		
1	T0101	90°外圆车刀	80°菱形 $R0.4$	外圆、端面				粗车
2	T0102	切槽刀		沟槽				

编制		审核		批准		共1页	第1页

3) 量具

量具清单

序号	量具名称	规 格	精 度	参考图片	备 注
1	游标卡尺	0~150 mm	0.02 mm		

续表

序号	量具名称	规 格	精 度	参考图片	备 注
2	外径千分尺	0~25 mm, 25~50 mm	0.01 mm		
3	钢直尺	0~320 mm	1 mm		

二、数控加工工序单

加工工序单

图纸编号	学生证号	操作人员	日 期	毛坯材料	加工设备编号

序号	工序内容	刀具			主轴转速/ $(r \cdot min^{-1})$	进给量/ $(mm \cdot r^{-1})$	切深/ mm	切削液	备 注
		类型	材料	规格					
1									
2									
3									
4									
5									
6									
7									
8									
9									
10									

装夹定位示意图：

说明：
编程原点位置示意图

其他说明：

三、加工程序

加工程序单

项目 序号		任务名称		编程 原点	
程序号		数控系统		编制人	
程序 段号	程序内容		简要说明		

四、零件加工

1) 加工准备

①检查毛坯尺寸。

②开机、回参考点、关机。

开机步骤	回参考点注意事项	关机步骤

2) 程序输入及程序校验

①先通过机床操作面板将程序输入到数控机床中,然后检验加工程序是否正确。

②碰到的问题有哪些:_____

_____

③装夹工件。

装夹工件的注意事项:_____

_____

④安装刀具。

安装刀具的注意事项:_____

_____

⑤试切对刀、设定刀补。

试切对刀、设定刀补的步骤及注意事项:_____

⑥加工中应如何控制尺寸?

_____

_____

_____

_____

注意事项:

为确保安全操作,自动运行加工程序,建议先采用"单段"方式运行,并将快速倍率调慢至25%,进给倍率减慢到80%,检查刀具偏置正确无误,方可进入自动运行。

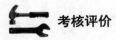

考核评价

考核评价安排在任务五进行,此处省略。

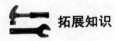

学习反思

写一写你在本任务的学习中,掌握了哪些技能,哪些技能还需提升,在加工中需要注意哪些问题?

_____

_____

_____

_____

拓展知识

子程序相关知识

一、子程序介绍

1) 子程序调用 M98 及从子程序返回 M99

(1) M98:用来调用子程序。

(2) M99:表示子程序结束,执行 M99 使控制返回到主程序。

2) 子程序的格式

% * * * * ;

……;

M99;

注:在子程序开头,必须规定子程序号,以作为调用入口地址。在子程序的结尾用 M99,以控制执行完该子程序后返回主程序。

3) 调用子程序的格式

M98 P____ L____;

P:被调用的子程序号

L:重复调用次数

63

二、举例

用子程序编制如图 2-23 所示零件的加工程序。本例为半径编程（G37），主程序和子程序如下。

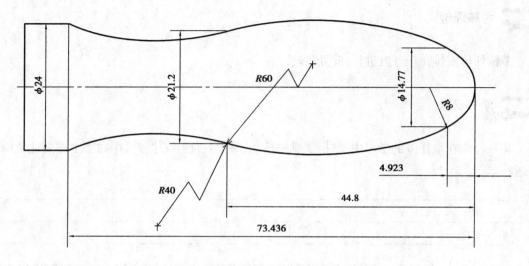

图 2-23　子程序编程实例

%1234　　　　　　　　　　（主程序名）

N1 G92 X16 Z1　　　　　　（设立坐标系,定义对刀点的位置）

N2 G37 G00 Z0 M03 S800　（移到子程序起点处、主轴正转）

N3 M98 P0002 L6　　　　　（调用子程序,并循环 6 次）

N4 G00 X16 Z1　　　　　　（返回对刀点）

N5 G36　　　　　　　　　　（取消半径编程）

N6 M05　　　　　　　　　　（主轴停）

N7 M30　　　　　　　　　　（主程序结束并复位）

%0002　　　　　　　　　　（子程序名）

N1 G01 U–12 F100　　　　（进刀到切削起点处,注意留下后面切削的余量）

N2 G03 U7.385 W–4.923 R8　　（加工 R8 圆弧段）

N3 U3.215 W–39.877 R60　　　（加工 R60 圆弧段）

N4 G02 U1.4 W–28.636 R40　　（加工切 R40 圆弧段）

N5 G00 U4　　　　　　　　（离开已加工表面）

N6 W73.436　　　　　　　　（回到循环起点 Z 轴处）

N7 G01 U–4.8 F100　　　　（调整每次循环的切削量）

N8 M99　　　　　　　　　　（子程序结束,并回到主程序）

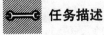

技能巩固

1.加工如图 2-24 所示的零件。

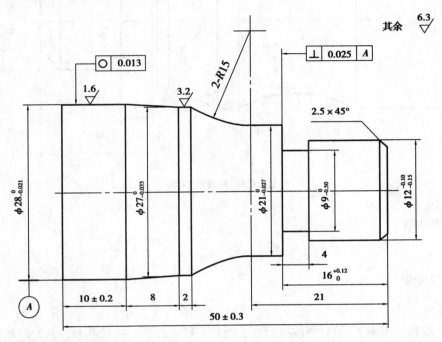

技术要求

1.去毛刺;

2.未注尺寸的公差为GB/T1804-m。

图 2-24 外沟槽零件

任务五 外螺纹的加工

任务描述

读懂图 2-25 零件图,掌握螺纹车刀等刀具的正确使用,在数控车床上应用 G01、G32 等指令进行编程,完成零件的加工。

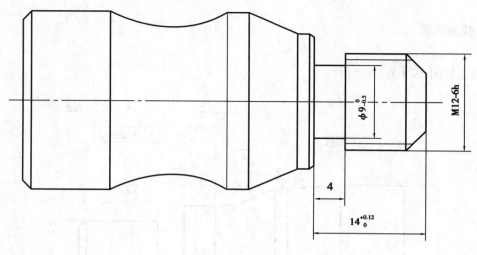

图 2-25　外螺纹零件

 知识获取

一、螺纹知识

1) 螺纹

在圆柱或圆锥表面上,沿着螺旋线所形成的具有规定牙型的连续凸起。凸起是指螺纹两侧面的实体部分,又称牙。

在机械加工中,螺纹是在一根圆柱形的轴上(或内孔表面)用刀具或砂轮切成的,此时工件转一转,刀具沿着工件轴向移动一定的距离,刀具在工件上切出的痕迹就是螺纹。在外圆表面形成的螺纹称外螺纹,在内孔表面形成的螺纹称内螺纹。螺纹的基础是圆轴表面的螺旋线,通常若螺纹的断面为三角形,则叫三角螺纹;断面为梯形叫作梯形螺纹;断面为锯齿形叫作锯齿形螺纹;断面为方形叫作方牙螺纹;断面为圆弧形叫作圆弧形螺纹,等等。

2) 外螺纹主要几何参数

①外径(大径),与外螺纹牙顶或内螺纹牙底相重合的假想圆柱体直径,螺纹的公称直径即大径。

②内径(小径),与外螺纹牙底或内螺纹牙顶相重合的假想圆柱体直径。

③中径,母线通过牙型上凸起和沟槽两者宽度相等的假想圆柱体直径。

④螺距,相邻牙在中径线上对应两点间的轴向距离。

⑤导程,同一螺旋线上相邻牙在中径线上对应两点间的轴向距离。

⑥牙型角,螺纹牙型上相邻两牙侧间的夹角。

⑦螺纹升角,中径圆柱上螺旋线的切线与垂直于螺纹轴线的平面之间的夹角。

⑧工作高度,两相配合螺纹牙型上相互重合部分在垂直于螺纹轴线方向上的距离等。螺纹的公称直径除管螺纹以管子内径为公称直径外,其余都以外径为公称直径。螺纹已标准化,有

米制(公制)和英制两种。

3)螺纹的分类

①螺纹分内螺纹和外螺纹两种;

②按牙形分可分为:

a.三角形螺纹;

b.梯形螺纹;

c.矩形螺纹;

d.锯齿形螺纹;

③按线数分单头螺纹和多头螺纹;

④按旋入方向分左旋螺纹和右旋螺纹两种,右旋不标注,左旋加 LH,如 M24×1.5LH;

⑤按用途不同分有:米制普通螺纹、用螺纹密封的管螺纹、非螺纹密封的管螺纹、60°圆锥管螺纹、米制锥螺纹等。

二、螺纹加工指令 G32

格式:G32 X(U)＿＿＿ Z(W)＿＿＿ R＿＿＿ E＿＿＿ P＿＿＿ F＿＿＿

说明:

X、Z:为绝对编程时,有效螺纹终点在工件坐标系中的坐标;

U、W:为增量编程时,有效螺纹终点相对于螺纹切削起点的位移量;

F:螺纹导程,即主轴每转一圈,刀具相对于工件的进给值;

R、E:螺纹切削的退尾量,R 表示 Z 向退尾量;E 为 X 向退尾量,R、E 在绝对或增量编程时都是以增量方式指定,其为正表示沿 Z、X 正向回退,为负表示沿 Z、X 负向回退。使用 R、E 可免去退刀槽。R、E 可以省略,表示不用回退功能;根据螺纹标准 R 一般取 2 倍的螺距,E 取螺纹的牙型高。

P:主轴基准脉冲处距离螺纹切削起始点的主轴转角。

使用 G32 指令能加工圆柱螺纹、锥螺纹和端面螺纹,图 2-26 所示为锥螺纹切削时各参数的意义。

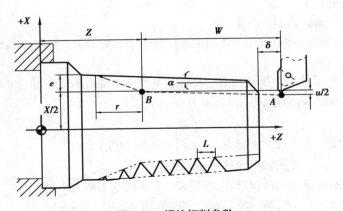

图 2-26　螺纹切削参数

螺纹车削加工为成型车削,且切削进给量较大,刀具强度较差,一般要求分数次进给加工。进给次数与吃刀量见表2-1。

表 2-1 常用螺纹切削的进给次数与吃刀量

米制螺纹							
螺距	1.0	1.5	2	2.5	3	3.5	4
牙深(半径量)	0.649	0.974	1.299	1.624	1.949	2.273	2.598
切削次数及吃刀量 (直径量) 1 次	0.7	0.8	0.9	1.0	1.2	1.5	1.5
2 次	0.4	0.6	0.6	0.7	0.7	0.7	0.8
3 次	0.2	0.4	0.6	0.6	0.6	0.6	0.6
4 次		0.16	0.4	0.4	0.4	0.6	0.6
5 次			0.1	0.4	0.4	0.4	0.4
6 次				0.15	0.4	0.4	0.4
7 次					0.2	0.2	0.4
8 次						0.15	0.3
9 次							0.2
英制螺纹							
牙/in	24	18	16	14	12	10	8
牙深(半径量)	0.678	0.904	1.016	1.162	1.355	1.626	2.033
切削次数及吃刀量 (直径量) 1 次	0.8	0.8	0.8	0.8	0.9	1.0	1.2
2 次	0.4	0.6	0.6	0.6	0.6	0.7	0.7
3 次	0.16	0.3	0.5	0.6	0.6	0.6	0.6
4 次		0.11	0.14	0.3	0.4	0.4	0.5
5 次				0.13	0.21	0.4	0.5
6 次						0.16	0.4
7 次							0.17

注:①从螺纹粗加工到精加工,主轴的转速必须保持一常数;

　　②在没有停止主轴的情况下,停止螺纹的切削将非常危险。因此螺纹切削时进给保持功能无效,如果按下进给保持按键,刀具在加工完螺纹后停止运动;

　　③在螺纹加工中不使用恒定线速度控制功能;

　　④在螺纹加工轨迹中应设置足够的升速进刀段 δ 和降速退刀段 δ',以消除伺服滞后造成的螺距误差。"

例　对图 2-27 所示的圆柱螺纹编程。螺纹导程为 1.5 mm、$\delta = 1.5$ mm、$\delta' = 1$ mm ,每次吃刀量(直径值)分别为 0.8 mm、0.6 mm、0.4 mm、0.16 mm。

```
%3 312
N1 G92 X50 Z120        (设立坐标系,定义对刀点的位置)
N2 M03 S300            (主轴以 300 r/min 旋转)
N3 G00 X29.2 Z101.5    (到螺纹起点,升速段 1.5 mm,吃刀深 0.8 mm)
N4 G32 Z19 F1.5        (切削螺纹到螺纹切削终点,降速段 1 mm)
N5 G00 X40             (X 轴方向快退)
```

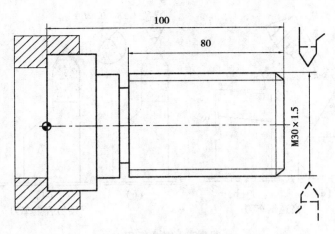

图 2-27　螺纹编程实例

N6 Z101.5	（Z 轴方向快退到螺纹起点处）
N7 X28.6	（X 轴方向快进到螺纹起点处,吃刀深 0.6 mm）
N8 G32 Z19 F1.5	（切削螺纹到螺纹切削终点）
N9 G00 X40	（X 轴方向快退）
N10 Z101.5	（Z 轴方向快退到螺纹起点处）
N11 X28.2	（X 轴方向快进到螺纹起点处,吃刀深 0.4 mm）
N12 G32 Z19 F1.5	（切削螺纹到螺纹切削终点）
N13 G00 X40	（X 轴方向快退）
N14 Z101.5	（Z 轴方向快退到螺纹起点处）
N15 U−11.96	（X 轴方向快进到螺纹起点处,吃刀深 0.16 mm）
N16 G32 W−82.5 F1.5	（切削螺纹到螺纹切削终点）
N17 G00 X40	（X 轴方向快退）
N18 X50 Z120	（回对刀点）
N19 M05	（主轴停）
N20 M30	（主程序结束并复位）

三、三角螺纹车刀

（1）由于公制三角螺纹车刀受螺纹升角影响较小,因此在刃磨车刀后角时,可按常规角度进行刃磨,前角通常刃磨成 10°~15°,此时必须对刀尖角进行修正,实际应用中,10° 前角的高速钢车刀,刀尖角一般刃磨成 59°。其理论计算公式为:

$$\tan\frac{s'}{2} = \tan\frac{a}{2}\cos r_0$$

s' 修正后的刀尖角

a 理论刀尖角 60°

r_0 刃磨后的前角

常用高速钢、硬质合金三角螺纹车刀角度要求如图 2-28 所示:

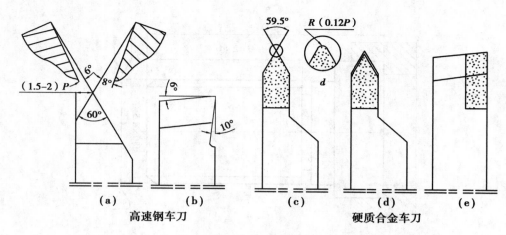

图 2-28　螺纹车刀

（2）高速车削时最好用 YT15 硬质合金车刀,与高速钢车刀不同,它的径向前角为零度,考虑两切削刃对牙形的挤压,刀尖角一般按 59°30′刃磨。加工较大螺距(P>2 mm)或被加工材料较硬时,在车刀的两个主切削刃上磨有 0.2~0.4 mm 宽,前角为−5°的倒棱。

车削公制三角形螺纹,总的切削深度应控制在(0.55~0.65)P 左右,用硬质合金车刀高速车削中碳钢、中碳合金钢螺纹时,走刀次数可参照表 2-2。

表 2-2　走刀次数

螺距/mm		1.5~2	3	4	5	6
走刀次数	粗　车	2~3	3~4	4~5	5~6	6~7
	精　车	1	2	2	2	2

 **任务实施**

一、工量刃具准备

1）工具

工具清单

序号	工具名称	参考图片	备　注
1	卡盘扳手		装夹工件后应立即将卡盘扳手取下,以免主轴转动卡盘扳手飞出伤人
2	刀架扳手		使用后放回指定位置
3	垫刀片		垫片尽可能少而平整

2) 刃具

刃具清单及切削参数

序号	刀具号	刀具类型	刀片规格	加工内容	切削用量		参考图片	备注
					主轴转速	进给速度		
1	T0101	90°外圆车刀	80°菱形 $R0.4$	外圆、端面				粗车
2	T0202	切槽车刀		沟槽				
3	T0303	螺纹车刀		螺纹				
编制		审核		批准			共1页	第1页

3) 量具

量具清单

序号	量具名称	规格	精度	参考图片	备注
1	游标卡尺	0~150 mm	0.02 mm		
2	钢直尺	0~320 mm	1 mm		

二、数控加工工序单

加工工序单

图纸编号	学生证号	操作人员	日期	毛坯材料	加工设备编号		

序号	工序内容	刀具			主轴转速/ $(r \cdot min^{-1})$	进给量/ $(mm \cdot r^{-1})$	切深/ mm	切削液	备注
		类型	材料	规格					
1									
2									
3									
4									
5									
6									
7									

续表

序号	工序内容	刀具			主轴转速/$(r \cdot min^{-1})$	进给量/$(mm \cdot r^{-1})$	切深/mm	切削液	备注
		类型	材料	规格					
8									
9									
10									

装夹定位示意图:	说明: 编程原点位置示意图	其他说明:

三、加工程序

加工程序单

项目序号		任务名称		编程原点	
程序号		数控系统		编制人	
程序段号	程序内容		简要说明		

续表

程序段号	程序内容	简要说明

四、零件加工

1) 加工准备

①检查毛坯尺寸。

②开机、回参考点、关机。

开机步骤	回参考点注意事项	关机步骤

2) 程序输入及程序校验

①先通过机床操作面板将程序输入到数控机床中,然后检验加工程序是否正确。

②碰到的问题有哪些：_____

③装夹工件。

装夹工件的注意事项：_____

④安装刀具。

安装刀具的注意事项：_____

_____

⑤试切对刀、设定刀补。

试切对刀、设定刀补的步骤及注意事项：_____

_____

⑥加工中应如何控制尺寸？

_____

_____

_____

_____

注意事项：

为确保安全操作，自动运行加工程序，建议先采用"单段"方式运行，并将快速倍率调慢至25%，进给倍率减慢到80%，检查刀具偏置正确无误，方可进入自动运行。

考核评价

评分标准表

姓名：_____ 学生证号：_____ 日期：_____年____月___日

时间定额：_____分钟 开始时间：_____时____分 结束时间：_____时____分

评分人：_____ 得分：_____分

序号	考核项目	考核内容	配分	评分标准	自评 10%	互评 20%	教师评 70%
1	径向尺寸精度	$\phi 9_{-0.5}^{0}$	18	超差0.1扣5分			
2	长度尺寸精度	$14_{0}^{+0.12}$	18	超差0.05扣5分			
		槽宽4 mm	20	超差0.1扣5分			
3	螺纹精度	M12-6h	20	环规检测，不合格不得分			
4	表面粗糙度	$R_a 3.2$	4	不达标不得分			

序号	考核项目	考核内容	配分	评分标准	自评 10%	互评 20%	教师评 70%
5	形位公差	圆度 0.013	2	超差 0.01 扣 1 分			
		同轴度/垂直度 0.025	2	超差 0.01 扣 1 分			
6	加工工艺和程序编制	加工工艺合理性	3	不合理扣 3 分			
		程序正确完整性	3	不完整扣 2 分			
		刀具选择合理性	3	不合理扣 3 分			
		工件装夹定位合理性	2	不合理扣 2 分			
		切削用量选择合理性	3	不合理扣 3 分			
		切削液使用合理性	2	不合理扣 1 分			
7	安全文明生产	1.安全正确操作设备 2.工作场地整洁,工件、量具、夹具等器具摆放整齐规范 3.做好事故防范措施,填写交接班记录,并将出现的事故发生原因、过程及处理结果记入运行档案 4. 做好环境保护		每违反一项从总分扣除 2 分,发生重大事故者取消考试资格并赔偿相应的损失。扣分不超过 10 分			

学习反思

写一写你在本任务的学习中,掌握了哪些技能,哪些技能还需提升,在加工中需要注意哪些问题?

_____

_____

_____

_____

_____

拓展知识

三针法测量相关知识

一、三针法测量概要

三针法测量是测量外螺纹中径的一种比较精密的方法。如图 2-29 所示,测量时,在螺纹凹槽内放置具有相同直径的三根量针,然后用千分尺测量尺寸 M 的大小,以验证所加工螺纹的中径是否正确。

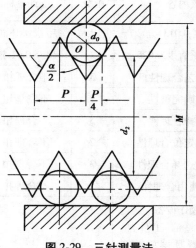

图 2-29　三针测量法

二、三针测量计算

1)中径计算

螺纹中径 d_2 的计算公式为

$$d_2 = M - d_0 \left[1 + \frac{1}{\sin \frac{\alpha}{2}} \right] + \frac{P}{2} \cot \frac{\alpha}{2}$$

式中　　M——千分尺测得的数值,mm;

d_0——量针直径,mm;

$\alpha/2$——牙型半角,(°);

P——工件螺距,mm。

2)量针计算

量针直径 d_0 的计算公式为

$$d_0 = \frac{P}{2 \cos \frac{\alpha}{2}}$$

3)量针计算简化公式

量针计算简化公式见表 2-3。

表 2-3　量针计算简化公式

螺纹牙型角 $\alpha/$(°)	简化计算公式	螺纹牙型角 $\alpha/$(°)	简化计算公式
60	$d_0 = 0.577P$	40	$d_0 = 0.533P$
55	$d_0 = 0.564P$	29	$d_0 = 0.516P$
30	$d_0 = 0.518P$		

4) M 值计算简化公式

M 值计算简化公式见表 2-4。

表 2-4　M 值计算简化公式

螺纹牙型角 $\alpha/(°)$	简化计算公式	螺纹牙型角 $\alpha/(°)$	简化计算公式
60	$M=d_2+3d_0-0.866P$	40	$M=d_2+3.924d_0-1.374P$
55	$M=d_2+3.166d_0-0.960P$	29	$M=d_2+4.994d_0-1.933P$
30	$M=d_2+4.864d_0-1.866P$		

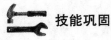 **技能巩固**

加工如图 2-30 所示的零件。材料：铝 $\phi25×90$。

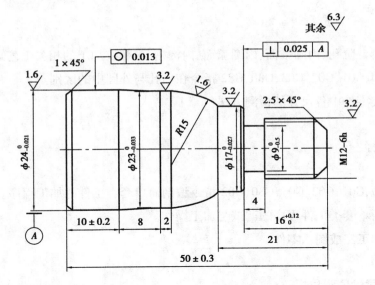

技术要求

1. 去毛刺；
2. 未注尺寸的公差为 GB/T 1804-m。

图 2-30　复合零件

项目三

简单套类零件加工

知识目标

1.知道简单台阶孔、内圆锥面、内圆弧面、内沟槽、内螺纹加工的相关工艺知识。

2.掌握 G00、G01、G02、G03、G80、G82 指令在内孔与外圆中的区别。

3.掌握套类零件中各尺寸的检测方法。

能力目标

1.会用 G00、G01、G02、G03、G80、G82 指令编制简单套类工件的加工程序。

2.能进行简单套类工件程序的调试与加工操作。

3.能独立加工完成图示零件。

情感态度价值观目标

1.通过观看相关图片、动画、视频和车间实操,激发学生对数控车床加工技术的兴趣。

2.形成讨论学习小组,培养学生的交流意识与团队协作精神。

3.变被动的接受式学习为主动探究式学习。使学生学习的过程成为发现问题、提出问题、分析问题、解决问题的过程。

4.培养学生的环保意识、质量意识。

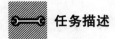 **任务一　阶梯孔零件加工**

 任务描述

读懂 3-1 零件图,能正确使用中心钻、麻花钻、内孔车刀等刀具,在数控车床上应用 G00、G01、G80 等指令进行编程,完成零件的加工。毛坯尺寸为 $\phi50 \times 80$,材料 45#。

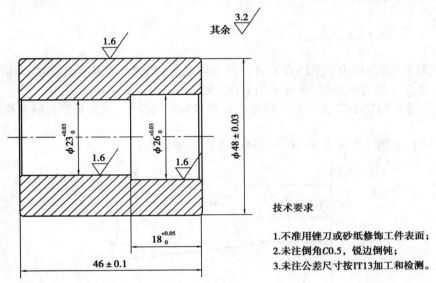

技术要求

1.不准用锉刀或砂纸修饰工件表面;
2.未注倒角C0.5,锐边倒钝;
3.未注公差尺寸按IT13加工和检测。

图 3-1　阶梯孔零件

知识获取

一、编程知识

内(外)径切削循环指令 G80

1)圆柱面内(外)径切削循环

(1)格式

G80X____Z____F____;

(2)说明

X、Z:绝对值编程时,为切削终点 C 在工件坐标系下的坐标;增量值编程时,为切削终点 C 相对于循环起点 A 的有向距离,图形中用 U、W 表示,其符号由轨迹 1 和 2 的方向确定。

该指令执行如图 3-2 所示 A→B→C→D→A 的轨迹动作。

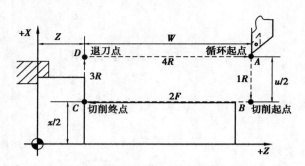

图 3-2　圆柱面内(外)径切削循环

2)圆锥面内(外)径切削循环

(1)格式

G80 X____ Z____ I____ F____;

(2)说明

X、Z:绝对值编程时,为切削终点 C 在工件坐标系下的坐标;增量值编程时,为切削终点 C 相对于循环起点 A 的有向距离,图形中用 U、W 表示。

I:切削起点 B 与切削终点 C 的半径差。其符号为差的符号(无论是绝对值编程还是增量值编程)。

该指令执行如图 3-3 所示 A→B→C→D→A 的轨迹动作。

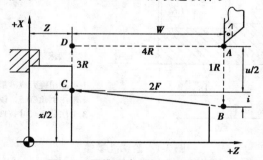

图 3-3　圆锥面内(外)径切削循环

3)举例

如图 3-4 所示,用 G80 指令编程,虚线代表毛坯,程序如下。

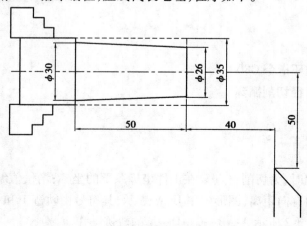

图 3-4　外圆锥面切削循环实例

%0001;

N05 T0101;

N10 G00 X100 Z40;

N15 M03 S600;

N20 G00 X40 Z5;

N25 G80 X31 Z−50 I−2.0 F100;

N30 G00 X100 Z40;

N35 T0202 M03 S800;

N40 G00 X40 Z5;

N45 G80 X30 Z−50 I−2.0 F80;

N50 G00 X100 Z40;

N55 M05;

N60 M30;

二、内孔的加工知识

1)钻孔刀具

（1）麻花钻

在数控车床上钻孔主要采用普通麻花钻。

①麻花钻的组成如图 3-5 所示。

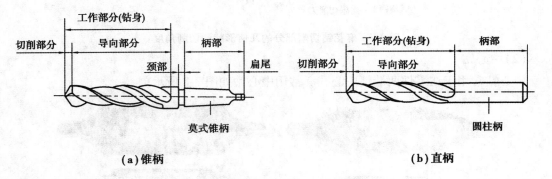

（a）锥柄　　　　　　　　　　　（b）直柄

图 3-5　麻花钻的组成

②麻花钻的分类如图 3-6 所示。

按照材质分类：高速钢麻花钻、硬质合金麻花钻。

根据柄部不同：莫氏锥柄、圆柱柄（直柄）。

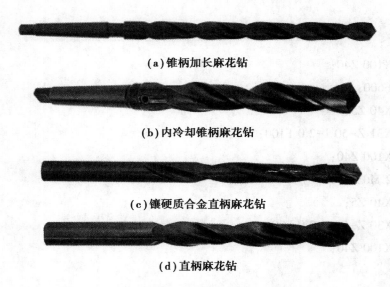

(a) 锥柄加长麻花钻

(b) 内冷却锥柄麻花钻

(c) 镶硬质合金直柄麻花钻

(d) 直柄麻花钻

图 3-6　麻花钻的分类

③麻花钻切削部分如图 3-7 所示。

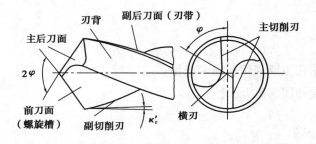

图 3-7　麻花钻切削部分的几何形状和切削角度

（2）中心钻

中心钻常用于在零件两端钻中心孔。常用中心钻如图 3-8 所示。

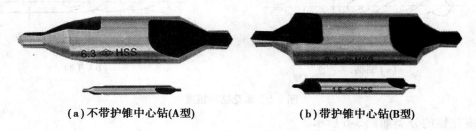

（a）不带护锥中心钻(A型)　　　　　（b）带护锥中心钻(B型)

图 3-8　中心钻

2) 内孔车刀

（1）通孔车刀

切削部分的几何形状基本上与 75° 外圆车刀相似，如图 3-9 所示。主偏角 κ_r' 一般在 60° ~ 75°之间，副偏角 κ_r' 一般为 15°~30°。

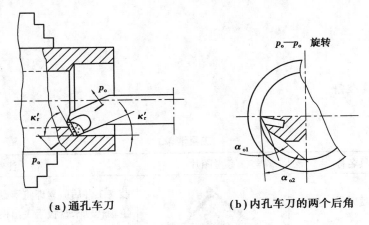

（a）通孔车刀　　　　　　　（b）内孔车刀的两个后角

图 3-9　通孔车刀

（2）盲孔车刀

盲孔车刀用来车削不通孔或台阶孔,切削部分的几何形状基本上与偏刀相似。如图 3-10 所示。盲孔车刀的主偏角一般为 90°～95°,刀尖在刀杆的最前端。

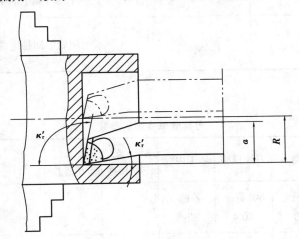

图 3-10　盲孔车刀

3）内孔车刀的安装

①刀尖应与工件中心等高或稍高。

②刀柄伸出一般比被加工孔长为 5～6 mm。

③刀柄基本平行于工件轴线。

④不通孔车刀装夹时,内偏刀的主刀刃应与孔底平面成 3°～5°角,并且在车平面时要求横向有足够的退刀余地。

4）工件的装夹

车孔时,工件一般采用三爪自定心卡盘装夹。对于较大和较重的工件可采用四爪单动卡盘装夹。加工直径较大、长度较短的工件（如盘类工件等）,必须找正外圆和端面。一般情况下先找正端面再找正外圆,如此反复几次,直至达到要求为止。

 任务实施

一、工量刃具准备

1）工具

工具清单

序号	工具名称	参考图片	备 注
1	卡盘扳手		装夹工件后应立即将卡盘扳手取下,以免主轴转动卡盘扳手飞出伤人
2	刀架扳手		使用后放回指定位置
3	刀具垫片		垫片尽可能少而平整
4	活动扳手		使用后放回指定位置

2）刃具

刃具清单及切削参数

序号	刀具号	刀具类型	刀片规格	加工内容	切削用量		参考图片	备 注
					主轴转速	进给速度		
1	T0101	90°外圆车刀	80°菱形 R0.4	外圆、端面				
2	T0202	切断车刀	刀宽 3 mm	切断				
3	T0303	内孔车刀	φ16	内表面				
4		麻花钻	φ20	钻内孔				
5		中心钻	φ2、φ4	中心孔				

编制		审核		批准		共1页	第1页

3) 量具

量具清单

序号	量具名称	规　格	精　度	参考图片	备　注
1	游标卡尺	0~150 mm	0.02 mm		
2	内径千分尺	0~25 mm，25~50 mm	0.01 mm		
3	钢直尺	0~320 mm	0.1 mm		

二、数控加工工序卡片

加工工序单

图纸编号	学生证号	操作人员	日期	毛坯材料	加工设备编号

序号	工序内容	刀具			主轴转速/$(r \cdot min^{-1})$	进给量/$(mm \cdot r^{-1})$	切深/mm	切削液	备　注
		类型	材料	规格					
1									
2									
3									
4									
5									
6									
7									
8									
9									
10									

装夹定位示意图：	说明：编程原点位置示意图	其他说明：

三、加工程序

加工程序单

项目 序号		任务名称		编程 原点	
程序号		数控系统		编制人	
程序 段号	程序内容		简要说明		

四、零件加工

1) 加工准备

①检查毛坯尺寸。

②开机、回参考点、关机。

开机步骤	回参考点注意事项	关机步骤

2) 程序输入及程序校验

①先通过机床操作面板将程序输入到数控机床中，然后检验加工程序是否正确。

②碰到的问题有哪些：＿＿＿＿＿＿＿＿＿＿＿＿＿＿＿＿＿＿＿＿＿＿＿＿＿＿＿

＿＿＿＿＿＿＿＿＿＿＿＿＿＿＿＿＿＿＿＿＿＿＿＿＿＿＿＿＿＿＿＿＿＿＿＿＿

③装夹工件。

装夹工件的注意事项：＿＿＿＿＿＿＿＿＿＿＿＿＿＿＿＿＿＿＿＿＿＿＿＿＿＿＿

＿＿＿＿＿＿＿＿＿＿＿＿＿＿＿＿＿＿＿＿＿＿＿＿＿＿＿＿＿＿＿＿＿＿＿＿＿

④安装刀具。

安装刀具的注意事项：＿＿＿＿＿＿＿＿＿＿＿＿＿＿＿＿＿＿＿＿＿＿＿＿＿＿＿

＿＿＿＿＿＿＿＿＿＿＿＿＿＿＿＿＿＿＿＿＿＿＿＿＿＿＿＿＿＿＿＿＿＿＿＿＿

⑤试切对刀、设定刀补。

试切对刀、设定刀补的步骤及注意事项：＿＿＿＿＿＿＿＿＿＿＿＿＿＿＿＿＿＿＿＿

＿＿＿＿＿＿＿＿＿＿＿＿＿＿＿＿＿＿＿＿＿＿＿＿＿＿＿＿＿＿＿＿＿＿＿＿＿

⑥加工中应如何控制尺寸？

＿＿＿＿＿＿＿＿＿＿＿＿＿＿＿＿＿＿＿＿＿＿＿＿＿＿＿＿＿＿＿＿＿＿＿＿＿

＿＿＿＿＿＿＿＿＿＿＿＿＿＿＿＿＿＿＿＿＿＿＿＿＿＿＿＿＿＿＿＿＿＿＿＿＿

＿＿＿＿＿＿＿＿＿＿＿＿＿＿＿＿＿＿＿＿＿＿＿＿＿＿＿＿＿＿＿＿＿＿＿＿＿

＿＿＿＿＿＿＿＿＿＿＿＿＿＿＿＿＿＿＿＿＿＿＿＿＿＿＿＿＿＿＿＿＿＿＿＿＿

注意事项：

为确保安全操作，自动运行加工程序，建议先采用"单段"方式运行，并将快速倍率调慢至25%，进给倍率减慢到80%，检查刀具偏置正确无误，方可进入自动运行。

 考核评价

评分标准表

姓名：＿＿＿＿＿＿＿　　学生证号：＿＿＿＿＿＿＿＿　　日期：＿＿＿年＿＿月＿＿日

时间定额：＿＿＿＿分钟　　开始时间：＿＿＿时＿＿＿分　　结束时间：＿＿＿时＿＿＿分

评分人：＿＿＿＿＿＿　　得分：＿＿＿＿＿＿分

序号	考核项目	考核内容	配分	评分标准	自评 10%	互评 20%	教师评 70%
1	径向尺寸精度	$\phi26^{+0.03}_{0}$	15	超差 0.005 扣 1 分			
		$\phi23^{+0.03}_{0}$	15	超差 0.005 扣 1 分			
		$\phi48\pm0.03$	15	超差 0.01 扣 1 分			
2	长度尺寸精度	$18^{+0.05}_{0}$	15	超差 0.01 扣 1 分			
		46 ± 0.1	10	超差 0.02 扣 1 分			
3	倒角尺寸	任一倒角尺寸	2	一处不倒角扣 0.5 分			
4	表面粗糙度	$R_a1.6$（3 处）	9	一处达不到扣 3 分			
		$R_a3.2$（3 处）	3	一处达不到扣 1 分			
5	加工工艺和程序编制	加工工艺合理性	3	不合理扣 3 分			
		程序正确完整性	3	不完整扣 2 分			
		刀具选择合理性	3	不合理扣 3 分			
		工件装夹定位合理性	2	不合理扣 2 分			
		切削用量选择合理性	3	不合理扣 3 分			
		切削液使用合理性	2	不合理扣 1 分			
6	安全文明生产	1.安全正确操作设备 2.工作场地整洁，工件、量具、夹具等器具摆放整齐规范 3.做好事故防范措施，填写交接班记录，并将出现的事故发生原因、过程及处理结果记入运行档案 4.做好环境保护		每违反一项从总分扣除 2 分，发生重大事故者取消考试资格并赔偿相应的损失。扣分不超过 10 分			

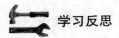

学习反思

写一写你在本任务的学习中,掌握了哪些技能,哪些技能还需提升,在加工中需要注意哪些问题?

_____

_____

_____

_____

拓展知识

百分表检测内径尺寸

一、内径百分表介绍

内径百分表由百分表和专用表架组成,用于测量孔的直径和孔的形状误差,特别适合深孔的测量。用内径百分表测量孔径属于相对测量法,测量前应根据被测孔径的大小,用千分尺或其他量具将其调整对零才能使用。测量时将表杆在测量头的轴线所在平面内轻微摆动,在摆动过程中读取最小读数,即为孔径的实际偏差。内径百分表的构造如图 3-11 所示。

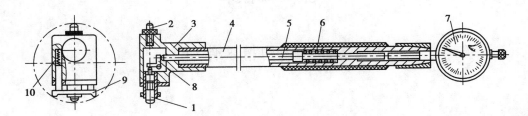

图 3-11　内径百分表

1—活动测头;2—可换测头;3—表架头;4—表架套杆;5—传动杆;6—测力弹簧;7—百分表
8—杠杆现;9—定位装置;10—定位弹簧

二、车内孔的关键技术

车孔的关键技术是解决内孔车刀的刚性和排屑问题。

1)增加内孔车刀的刚性的措施

（1）尽量增加刀柄的截面积，通常内孔车刀的刀尖位于刀柄的上面，这样刀柄的截面积较小，还不到孔截面积的 1/4，若使内孔车刀的刀尖位于刀柄的中心线上，那么刀柄在孔中的截面积可大大地增加。

（2）尽可能缩短刀柄的伸出长度，以增加车刀刀柄刚性，减小切削过程中的振动，此外还可将刀柄上下两个平面做成互相平行，这样就能很方便地根据孔深调节刀柄伸出的长度。

2)解决排屑问题

主要是控制切屑流出方向。精车孔时要求切屑流向待加工表面（前排屑），前排屑主要采用正刃倾角的内孔车刀。加工盲刀时，应采用负的刃倾角，使切屑从孔口排出。

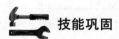

技能巩固

编程及加工如图 3-12 所示零件。毛坯尺寸为 $\phi50 \times 80$，材料 45#。

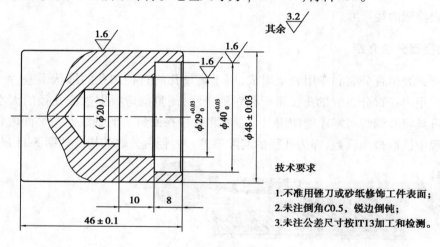

图 3-12 盲孔零件

任务二 内沟槽零件加工

任务描述

读懂如图 3-13 所示零件图，掌握内沟槽的正确加工方法，在数控车床上应用 G00、G01、G80 等指令进行编程，完成零件的加工。毛坯尺寸为 $\phi50 \times 80$，材料 45#。

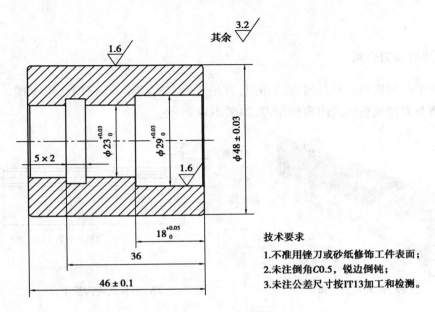

图 3-13 内沟槽零件

 知识获取

一、内沟槽的种类和作用

表 3-1 内沟槽的种类和作用

种 类	作 用	示 图
退刀槽	车内螺纹、车孔和磨孔时作退刀用或为了拉油槽方便,两端开有退刀槽。	
密封槽	在T形槽中嵌入油毛毡,防止轴上的润滑剂溢出。	
轴向定位槽	在轴承座内孔中的适当位置开槽放入孔用弹性挡圈,以实现滚动轴承的轴向定位。	
油气通道槽	在各种液压和气压滑阀中开内沟槽,以通油或通气这类沟槽要求有较高的轴向位置。	

二、内沟槽车刀介绍

内沟槽车刀与切断刀的几何形状相似,只是装夹方向相反,且在内孔中车槽。加工小孔中的内沟槽车刀做成整体式内沟槽车刀,如图3-14所示。

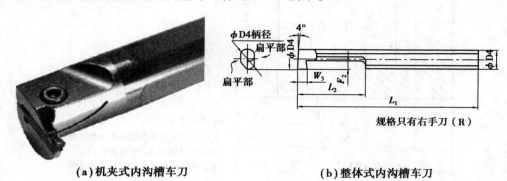

(a)机夹式内沟槽车刀　　　　　　　　　　**(b)整体式内沟槽车刀**

图3-14　内沟槽车刀

三、车内沟槽方法

槽的内型	加工方法	图　示
宽度较小和要求不高的内沟槽	用主切削刀宽度等于槽宽的内沟槽车刀采用直进法一次车出	
要求较高或较宽的内沟槽	可采用直进法分几次车出,车时,槽壁和槽底留精车余量,然后根据槽宽、槽深进行精车	
深度较浅,宽度很大	可用内圆粗车刀先车出凹槽,再用内沟槽刀车沟槽两端垂直面。	

 任务实施

一、工量刃具准备

1) 工具

工具清单

序号	工具名称	参考图片	备 注
1	卡盘扳手		装夹工件后应立即将卡盘扳手取下，以免主轴转动卡盘扳手飞出伤人
2	刀架扳手		使用后放回指定位置
3	刀具垫片		垫片尽可能少而平整
4	活动扳手		使用后放回指定位置

2) 刃具

刃具清单及切削参数

序号	刀具号	刀具类型	刀片规格	加工内容	切削用量		参考图片	备 注
					主轴转速	进给速度		
1	T0101	90°外圆车刀	80°菱形 R0.4	外圆、端面				
2	T0202	切断车刀	刀宽 3 mm	沟槽				
3	T0303	内孔车刀	$\phi16$	内表面				
4	T0404	内沟槽车刀	刀宽 3 mm	内槽				
5		麻花钻	$\phi20$	钻孔				
6		中心钻	$\phi2$、$\phi4$	中心孔				
编制		审核			批准		共1页	第1页

93

3)量具

量具清单

序号	量具名称	规　格	精　度	参考图片	备　注
1	游标卡尺	0~150 mm	0.02 mm		
2	内径千分尺	0~25 mm, 25~50 mm	0.01 mm		
3	深度尺	0~150 mm	0.02 mm		
4	外径千分尺	0~25 mm, 25~50 mm	0.01 mm		
5	钢直尺	0~320 mm	1 mm		

二、数控加工工序卡片

加工工序单

图纸编号	学生证号	操作人员	日期	毛坯材料	加工设备编号

序号	工序内容	刀具			主轴转速/$(r \cdot min^{-1})$	进给量/$(mm \cdot r^{-1})$	切深/mm	切削液	备　注
		类型	材料	规格					
1									
2									
3									
4									
5									
6									
7									
8									
9									
10									

装夹定位示意图：

说明：
编程原点位置示意图

其他说明：

三、加工程序

加工程序单

项目 序号		任务名称		编程 原点	
程序号		数控系统		编制人	
程序 段号	程序内容		简要说明		

四、零件加工

1) 加工准备

①检查毛坯尺寸。

②开机、回参考点、关机。

开机步骤	回参考点注意事项	关机步骤

2) 程序输入及程序校验

①先通过机床操作面板将程序输入到数控机床中,然后检验加工程序是否正确。

②碰到的问题有哪些:_____

_____

③装夹工件。

装夹工件的注意事项:_____

_____

④安装刀具。

安装刀具的注意事项:_____

_____

⑤试切对刀、设定刀补。

试切对刀、设定刀补的步骤及注意事项:_____

_____

⑥加工中应如何控制尺寸?

_____

_____

_____

_____

注意事项:

为确保安全操作,自动运行加工程序,建议先采用"单段"方式运行,并将快速倍率调慢至 25%,进给倍率减慢到 80%,检查刀具偏置正确无误,方可进入自动运行。

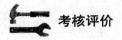 考核评价

评分标准表

姓名：＿＿＿＿＿＿＿＿＿　　学生证号：＿＿＿＿＿＿＿＿＿　　　　日期：＿＿＿年＿＿月＿＿日

时间定额：＿＿＿＿分钟　　开始时间：＿＿＿＿时＿＿＿＿分　　结束时间：＿＿＿＿时＿＿＿＿分

评分人：＿＿＿＿＿＿＿＿＿　　得分：＿＿＿＿＿＿分

序号	考核项目	考核内容	配分	评分标准	自评 10%	互评 20%	教师评 70%
1	径向尺寸精度	$\phi 29^{+0.03}_{0}$	10	超差 0.005 扣 1 分			
		$\phi 23^{+0.03}_{0}$	10	超差 0.005 扣 1 分			
		$\phi 48 \pm 0.03$	10	超差 0.01 扣 1 分			
2	长度尺寸精度	$18^{+0.05}_{0}$	10	超差 0.01 扣 1 分			
		46 ± 0.1	10	超差 0.02 扣 1 分			
3	内沟槽	5×2	20	不合格不得分			
4	倒角尺寸	任一倒角尺寸	2	一处不倒角扣 0.5 分			
5	表面粗糙度	$R_a 1.6$（3 处）	9	一处达不到扣 3 分			
		$R_a 3.2$（3 处）	3	一处达不到扣 1 分			
6	加工工艺和程序编制	加工工艺合理性	3	不合理扣 3 分			
		程序正确完整性	3	不完整扣 2 分			
		刀具选择合理性	3	不合理扣 3 分			
		工件装夹定位合理性	2	不合理扣 2 分			
		切削用量选择合理性	3	不合理扣 3 分			
		切削液使用合理性	2	不合理扣 1 分			
7	安全文明生产	1.安全正确操作设备 2.工作场地整洁,工件、量具、夹具等器具摆放整齐规范 3.做好事故防范措施,填写交接班记录,并将出现的事故发生原因、过程及处理结果记入运行档案 4.做好环境保护		每违反一项从总分扣除 2 分,发生重大事故者取消考试资格并赔偿相应的损失。扣分不超过 10 分			

 学习反思

写一写你在本任务的学习中,掌握了哪些技能,哪些技能还需提升,在加工中需要注意哪些问题?

_____

_____

_____

_____

 拓展知识

内沟槽的检测方法见表3-2。

表 3-2　内沟槽的检测方法

测量尺寸	测量量具和方法	图　示
内沟槽的深度	一般用弹簧内卡钳测量测量时,先将弹簧内卡钳收缩,放入内沟槽,然后调整卡钳螺母,使卡脚与槽底径表面接触。测出内沟槽直径,然后将内卡钳收缩取出,恢复到原来的尺寸,再用游标卡尺或外径千分尺测出内卡钳的张开尺寸,当内沟槽直径较大时,可用弯脚游标卡尺测量	
内沟槽的轴向尺寸	用钩形游标深度卡尺测量	
内沟槽的宽度	可用样板或游标卡尺(当孔径较大时)测量	

技能巩固

编程及加工如图 3-15 所示零件。毛坯尺寸为 $\phi50 \times 80$,材料 45#。

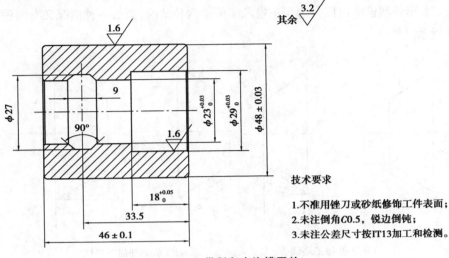

图 3-15 带斜角内沟槽零件

任务三　内圆锥面零件加工

任务描述

读懂 3-16 零件图,掌握内锥面的正确加工方法,在数控车床上应用 G00、G01、G80 等指令进行编程,完成零件的加工。毛坯尺寸为 $\phi40 \times 55$,材料 45#。

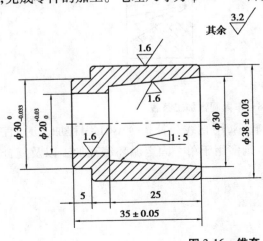

技术要求

1.不准用锉刀或砂纸修饰工件表面;
2.未注倒角C0.5,锐边倒钝;
3.未注公差尺寸按IT13加工和检测。

图 3-16 锥套

知识获取

圆锥面的数控车削加工路线。

在车床上车外圆锥时可以分为车正锥和车倒锥两种情况,而每一种情况又有两种加工路线如图 3-17 所示。

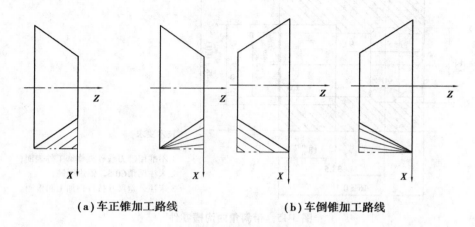

　　(a)车正锥加工路线　　　　　　　　(b)车倒锥加工路线

图 3-17　车外圆锥加工路线

在车床上车内圆锥时的加工路线与车外圆锥相似如图 3-18 所示。

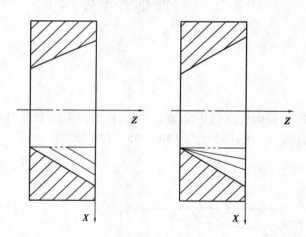

图 3-18　车内圆锥加工路线

通过分析比较,在大、小端直径之差较小,用直线插补指令 G01 编程加工时,宜采用变锥度分层加工路线,而偏移法分层加工路线则多用于单一固定循环编程加工以及复合循环编程加工。

 **任务实施**

一、工量刃具准备

1）工具

工具清单

序号	工具名称	参考图片	备　注
1	卡盘扳手		装夹工件后应立即将卡盘扳手取下，以免主轴转动卡盘扳手飞出伤人
2	刀架扳手		使用后放回指定位置
3	刀具垫片		垫片尽可能少而平整
4	活动扳手		使用后放回指定位置

2）刃具

刃具清单及切削参数

序号	刀具号	刀具类型	刀片规格	加工内容	切削用量		参考图片	备　注
					主轴转速	进给速度		
1	T0101	90°外圆车刀	80°菱形 R0.4	外圆、端面				
2	T0202	切槽车刀	刀宽 3 mm	沟槽				
3		中心钻	$\phi2$、$\phi4$	中心孔				
4	T0303	内孔车刀	$\phi16$	内表面				
5		麻花钻	$\phi18$	钻孔				

编制		审核		批准		共 1 页	第 1 页

3) 量具

量具清单

序号	量具名称	规 格	精 度	参考图片	备 注
1	游标卡尺	0~150 mm	0.02 mm		
2	内径千分尺	0~25 mm, 25~50 mm	0.01 mm		
3	深度尺	0~150 mm	0.02 mm		
4	外径千分尺	0~25 mm, 25~50 mm	0.01 mm		

二、数控加工工序卡片

加工工序单

图纸编号	学生证号	操作人员	日期	毛坯材料	加工设备编号

序号	工序内容	刀具			主轴转速/ $(r \cdot min^{-1})$	进给量/ $(mm \cdot r^{-1})$	切深/ mm	切削液	备 注
		类型	材料	规格					
1									
2									
3									
4									
5									
6									
7									
8									
9									
10									

装夹定位示意图：

说明：
编程原点位置示意图

其他说明：

三、加工程序

加工程序单

项目序号			任务名称		编程原点	
程序号			数控系统		编制人	
程序段号		程序内容		简要说明		

四、零件加工

1）加工准备

①检查毛坯尺寸。

②开机、回参考点、关机。

开机步骤	回参考点注意事项	关机步骤

2）程序输入及程序校验

①先通过机床操作面板将程序输入到数控机床中，然后检验加工程序是否正确。

②碰到的问题有哪些：＿＿＿＿＿＿＿＿＿＿＿＿＿＿＿＿＿＿＿＿＿

＿＿＿＿＿＿＿＿＿＿＿＿＿＿＿＿＿＿＿＿＿＿＿＿＿＿＿＿＿＿＿

③装夹工件。

装夹工件的注意事项：＿＿＿＿＿＿＿＿＿＿＿＿＿＿＿＿＿＿＿＿＿

＿＿＿＿＿＿＿＿＿＿＿＿＿＿＿＿＿＿＿＿＿＿＿＿＿＿＿＿＿＿＿

④安装刀具。

安装刀具的注意事项：＿＿＿＿＿＿＿＿＿＿＿＿＿＿＿＿＿＿＿＿＿

＿＿＿＿＿＿＿＿＿＿＿＿＿＿＿＿＿＿＿＿＿＿＿＿＿＿＿＿＿＿＿

⑤试切对刀、设定刀补。

试切对刀、设定刀补的步骤及注意事项：＿＿＿＿＿＿＿＿＿＿＿＿＿

＿＿＿＿＿＿＿＿＿＿＿＿＿＿＿＿＿＿＿＿＿＿＿＿＿＿＿＿＿＿＿

⑥加工中应如何控制尺寸？

＿＿＿＿＿＿＿＿＿＿＿＿＿＿＿＿＿＿＿＿＿＿＿＿＿＿＿＿＿＿＿

＿＿＿＿＿＿＿＿＿＿＿＿＿＿＿＿＿＿＿＿＿＿＿＿＿＿＿＿＿＿＿

＿＿＿＿＿＿＿＿＿＿＿＿＿＿＿＿＿＿＿＿＿＿＿＿＿＿＿＿＿＿＿

＿＿＿＿＿＿＿＿＿＿＿＿＿＿＿＿＿＿＿＿＿＿＿＿＿＿＿＿＿＿＿

注意事项：

为确保安全操作，自动运行加工程序，建议先采用"单段"方式运行，并将快速倍率调慢至25%，进给倍率减慢到80%，检查刀具偏置正确无误，方可进入自动运行。

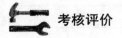 考核评价

评分标准表

姓名：_____　　　学生证号：_____　　　日期：_____年___月___日

时间定额：_____分钟　　　开始时间：_____时_____分　　　结束时间：_____时_____分

评分人：_____　　　得分：_____分

序号	考核项目	考核内容	配分	评分标准	自评 10%	互评 20%	教师评 70%
1	径向尺寸精度	$\phi30_{-0.033}^{0}$	10	超差 0.005 扣 1 分			
		$\phi20_{0}^{+0.03}$	10	超差 0.005 扣 1 分			
		$\phi38\pm0.03$	10	超差 0.01 扣 1 分			
2	长度尺寸精度	35 ± 0.05	10	超差 0.01 扣 1 分			
		其他长度尺寸	10	超差 0.02 扣 1 分			
3	圆锥	内圆锥 1：5	20	用圆锥塞规检验，不合格不得分			
4	倒角尺寸	任一倒角尺寸	2	一处不倒角扣 0.5 分			
5	表面粗糙度	$R_a1.6$（3 处）	9	一处达不到扣 3 分			
		$R_a3.2$（3 处）	3	一处达不到扣 1 分			
6	加工工艺和程序编制	加工工艺合理性	3	不合理扣 3 分			
		程序正确完整性	3	不完整扣 2 分			
		刀具选择合理性	3	不合理扣 3 分			
		工件装夹定位合理性	2	不合理扣 2 分			
		切削用量选择合理性	3	不合理扣 3 分			
		切削液使用合理性	2	不合理扣 1 分			
7	安全文明生产	1.安全正确操作设备 2.工作场地整洁，工件、量具、夹具等器具摆放整齐规范 3.做好事故防范措施，填写交接班记录，并将出现的事故发生原因、过程及处理结果记入运行档案 4.做好环境保护		每违反一项从总分扣除 2 分，发生重大事故者取消考试资格并赔偿相应的损失。扣分不超过 10 分			

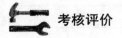 学习反思

　　写一写你在本任务的学习中，掌握了哪些技能，哪些技能还需提升，在加工中需要注意哪些问题？

_____

_____

_____

_____

_____

 拓展知识

一、用圆锥塞规检验内圆锥

塞规上沿素线方向用红丹或蓝油均匀地涂 3 条线，零件精度要求越高，涂层越薄。然后塞规插入零件内锥孔。轻轻对研，转动 60°～120°。抽出塞规，查看表面擦拭痕迹，判断是否合格。擦拭痕迹越长，塞规与零件内锥面接触越好，锥度越好，如图 3-19 所示。

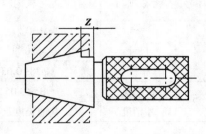

图 3-19　圆锥塞规检验内圆锥

涂层厚度及接触率

零件锥度公差等级	圆锥两底圆之间的轴向距离 L/mm					接触率 ψ /%
	>6～16	>16～40	>40～100	>100～250	>250～630	
	涂层厚度 δ/μm					
AT3				0.5	1.0	85
AT4		0.5	1.0	1.5		80
AT5		0.5	1.0	1.5		75
AT6		0.5	1.0	1.5	2.5	70
AT7		0.5	1.0	1.5	2.5	65
AT8	0.5	1.0	1.5	3.0	5.0	60

圆锥塞规检验内圆锥时，若大端涂层被擦去，则内圆锥角偏小；如小端的涂层被擦去，则内圆锥角偏大。

二、用圆锥套规检验外圆锥

圆锥套规检验外圆锥时，在零件圆锥面上用红丹或蓝油沿素线方向均匀地涂上 3 条线。如果大端涂层被擦去，则表示零件外圆锥体的锥角偏大，反之则锥角偏小。如图 3-20 所示。

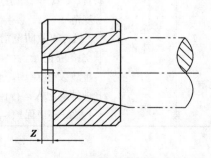

图 3-20　圆锥套规检验外圆锥

三、圆锥面直径尺寸的检验

在圆锥塞规和圆锥套规的端部有一个台阶，其间距离为 Z，若被测锥体的端面在圆锥量规台阶的两端面之间，则被测圆锥面的直径尺寸合格。

技能巩固

编程及加工如图 3-21 所示零件。毛坯尺寸为 $\phi40\times100$，材料 45#。

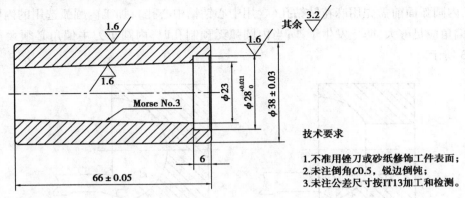

图 3-21 莫氏锥套

技术要求

1.不准用锉刀或砂纸修饰工件表面；
2.未注倒角C0.5，锐边倒钝；
3.未注公差尺寸按IT13加工和检测。

任务四 内圆弧面零件加工

任务描述

读懂 3-22 零件图，掌握内圆弧面的加工方法，在数控车床上应用 G00、G01、G03、G80 等指令进行编程，完成零件的加工。毛坯尺寸为 $\phi50\times55$，材料 45#。

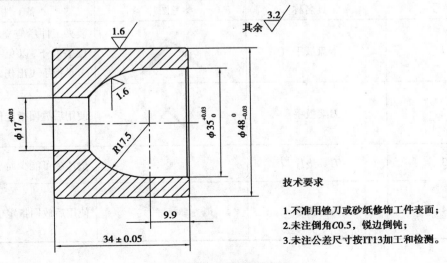

图 3-22 内圆弧面零件

技术要求

1.不准用锉刀或砂纸修饰工件表面；
2.未注倒角C0.5，锐边倒钝；
3.未注公差尺寸按IT13加工和检测。

知识获取

车内圆弧刀具选用技巧

加工内圆弧面前需先用麻花钻钻孔(含用中心钻钻中心孔),加工内圆弧选用的内圆车刀的主、副偏角应足够大,防止发生干涉;当内圆弧无预制孔时,内圆车刀主偏角必须大于 90°,如图 3-23 所示。

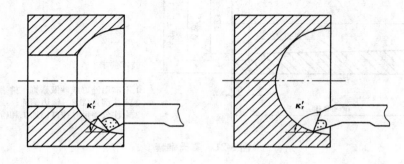

(a)车刀主偏角小于90°   (b)车刀主偏角大于90°

图 3-23　内圆弧面加工

 **任务实施**

一、工量刃具准备

1)工具

工具清单

序号	工具名称	参考图片	备　注
1	卡盘扳手		装夹工件后应立即将卡盘扳手取下,以免主轴转动卡盘扳手飞出伤人
2	刀架扳手		使用后放回指定位置
3	刀具垫片		垫片尽可能少而平整
4	活动扳手		使用后放回指定位置

2）刃具

刃具清单及切削参数

序号	刀具号	刀具类型	刀片规格	加工内容	切削用量		参考图片	备　注
					主轴转速	进给速度		
1	T0101	90°外圆车刀	80°菱形 R0.4	外圆、端面				
2	T0202	切槽车刀	刀宽 3 mm	沟槽				
3		中心钻	φ2、φ4	中心孔				
4	T0303	内孔车刀	φ20	内表面				
5		麻花钻	φ16	钻孔				
编制		审核		批准			共1页	第1页

3）量具

量具清单

序号	量具名称	规　格	精　度	参考图片	备　注
1	游标卡尺	0~150 mm	0.02 mm		
2	内径千分尺	0~25 mm, 25~50 mm	0.01 mm		
3	R 规	R15-25			
4	外径千分尺	0~25 mm, 25~50 mm	0.01 mm		
5	钢直尺	0~320 mm	1 mm		

二、数控加工工序卡片

加工工序单

图纸编号	学生证号	操作人员	日期	毛坯材料	加工设备编号

序号	工序内容	刀具			主轴转速/$(r \cdot min^{-1})$	进给量/$(mm \cdot r^{-1})$	切深/mm	切削液	备注
		类型	材料	规格					
1									
2									
3									
4									
5									
6									
7									
8									
9									
10									

装夹定位示意图:	说明: 编程原点位置示意图	其他说明:

三、加工程序

加工程序单

项目序号		任务名称		编程原点	
程序号		数控系统		编制人	
程序段号	程序内容		简要说明		

四、零件加工

1) 加工准备

①检查毛坯尺寸。

②开机、回参考点、关机。

开机步骤	回参考点注意事项	关机步骤

2) 程序输入及程序校验

①先通过机床操作面板将程序输入到数控机床中,然后检验加工程序是否正确。

②碰到的问题有哪些：_____

_____

③装夹工件。

装夹工件的注意事项：_____

_____

④安装刀具。

安装刀具的注意事项：_____

_____

⑤试切对刀、设定刀补。

试切对刀、设定刀补的步骤及注意事项：_____

_____

⑥加工中应如何控制尺寸?

_____

_____

_____

_____

注意事项：

为确保安全操作,自动运行加工程序,建议先采用"单段"方式运行,并将快速倍率调慢至25%,进给倍率减慢到80%,检查刀具偏置正确无误,方可进入自动运行。

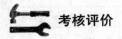 考核评价

评分标准表

姓名：_____ 　　 学生证号：_____ 　　 日期：___年___月___日

时间定额：___分钟 　　 开始时间：___时___分 　　 结束时间：___时___分

评分人：_____ 　　 得分：_____分

序号	考核项目	考核内容	配分	评分标准	自评 10%	互评 20%	教师评 70%
1	径向尺寸精度	$\phi 48_{-0.033}^{0}$	10	超差 0.01 扣 1 分			
		$\phi 17_{0}^{+0.03}$	12	超差 0.01 扣 1 分			
		$\phi 35_{0}^{+0.03}$	12	超差 0.01 扣 1 分			
2	长度尺寸精度	34 ± 0.05	10	超差 0.01 扣 1 分			
		其他长度尺寸	8	超差 0.02 扣 1 分			
3	圆弧	内圆弧 $R17.5$	20	用 R 规检测,不合格不得分			
4	倒角	倒角(4 处)	2	一处不倒角扣 0.5 分			
5	表面粗糙度	$R_a 1.6$(2 处)	6	一处达不到扣 3 分			
		$R_a 3.2$(4 处)	4	一处达不到扣 1 分			
6	加工工艺和程序编制	加工工艺合理性	3	不合理扣 3 分			
		程序正确完整性	3	不完整扣 2 分			
		刀具选择合理性	3	不合理扣 3 分			
		工件装夹定位合理性	2	不合理扣 2 分			
		切削用量选择合理性	3	不合理扣 3 分			
		切削液使用合理性	2	不合理扣 1 分			
7	安全文明生产	1.安全正确操作设备 2.工作场地整洁,工件、量具、夹具等器具摆放整齐规范 3.做好事故防范措施,填写交接班记录,并将出现的事故发生原因、过程及处理结果记入运行档案 4.做好环境保护		每违反一项从总分扣除 2 分,发生重大事故者取消考试资格并赔偿相应的损失。扣分不超过 10 分			

 学习反思

写一写你在本任务的学习中,掌握了哪些技能,哪些技能还需提升,在加工中需要注意哪些问题?

拓展知识

圆弧测量用具 R 规使用步骤

①量测时,先取出量具,根据被测物件 R 角,选用相应示值 R 规外半圆或 R 规内半圆(如待测物件 R 角呈凸状时,则选用 R 规内半圆测量,如待测物件 R 角呈凹状时,则选用 R 规外半圆测量);

②目视观察 R 规测量面是否生锈、磨损,并用白布、酒精溶剂擦去表面防锈油;

③将待测物件 R 角处用白布擦拭干净,用手拿选定示值 R 规垂直与被测 R 角接触;目视观察 R 规测量面与被测 R 角是否完全吻合,如吻合无间隙,则 R 角值读数为 R 规示值;反之如未吻合有间隙时,则说明 R 角值大于或小于 R 规示值;

④另选相应示值 R 规按 3 要求进行测量,当完全吻合则 R 角值读数为该 R 规示值;

⑤R 角测量值=R 角值读数+该 R 规校正误差值。

 技能巩固

编程及加工如图 3-24 所示零件。毛坯尺寸为 $\phi 50 \times 40$,材料 45#。

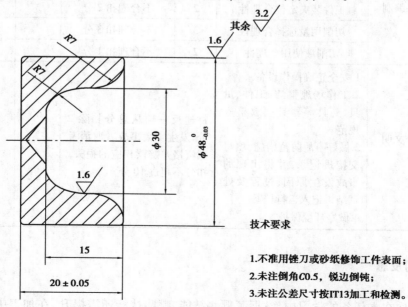

技术要求

1.不准用锉刀或砂纸修饰工件表面;

2.未注倒角C0.5,锐边倒钝;

3.未注公差尺寸按IT13加工和检测。

图 3-24　典型内圆弧面零件

任务五　内螺纹零件加工

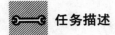**任务描述**

读懂 3-25 零件图,掌握内螺纹刀的正确使用,能正确对内螺纹进行检测,在数控车床上应用 G00、G01、G80、G82 等指令进行编程,完成零件的加工。毛坯尺寸为 $\phi 50 \times 70$,材料 45#。

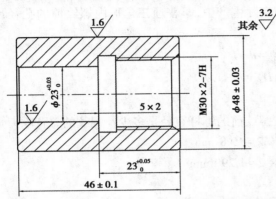

技术要求

1.不准用锉刀或砂纸修饰工件表面;
2.未注倒角C0.5,锐边倒钝;
3.未注公差尺寸按IT13加工和检测。

图 3-25　内螺纹零件

知识获取

一、螺纹知识

1)普通三角形螺纹的基本牙型

普通三角形螺纹的基本牙型如图 3-26 所示,各基本尺寸的名称如下:

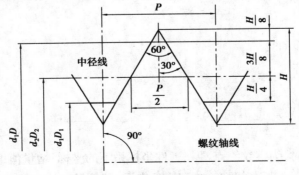

图 3-26　普通三角螺纹基本牙型

D—内螺纹大径(公称直径);d—外螺纹大径(公称直径);D_2—内螺纹中径

d_2—外螺纹中径;D_1—内螺纹小径;d_1—外螺纹小径;P—螺距;H—原始三角形高度

115

2）计算

高速车削三角形螺纹时，受车刀挤压后会使螺纹大径尺寸胀大，因此，车螺纹外圆的直径应比螺纹大径小，当螺纹螺距为 1.5~3.5 时，外径一般可以为 0.2~0.4。

（1）中径：$d_2 = D_2 = \dfrac{d - 2 \times 3}{8H} = d - 0.649\,5P$

（2）小径：$d_1 = D_1 = \dfrac{d - 2 \times 5}{8H} = d - 1.082\,5P$

加工普通三角形内螺纹前螺杆直径和加工时吃刀深度的计算：

车削普通三角形内螺纹时，因为车刀切削时的挤压作用，内孔直径会缩小，所以车削内螺纹前内孔应比内螺纹小径略大些。在实际生产中，车普通三角形内螺纹前的孔径尺寸，可以用下列近似公式计算：

（1）车削塑性金属的内螺纹时，$D_{孔} = d - P$

（2）车削脆性性金属的内螺纹时，$D_{孔} = d - 1.05P$

3）举例

例 1　加工 M20 × 2 的螺纹，加工螺纹前的螺杆直径是多少？螺纹的总背吃刀量是多少？

解　加工螺纹前螺杆的直径 $20 - 0.2 = 19.8$ mm

总背吃刀量 $= 0.649\,5P = 0.649\,5 \times 2 = 1.299$ mm

每次背吃刀量：

$a_{p1} = 0.5$ mm，$a_{p2} = 0.35$ mm，$a_{p3} = 0.25$ mm，$a_{p4} = 0.199$ mm

例 2　加工 M20×2 的内螺纹，材料为 45#，加工螺纹前孔径尺寸是多少？螺纹的总背吃刀量是多少？

解　加工前孔径尺寸 $D_{孔} = D - P = 20 - 2 = 18$ mm

$$总背吃刀量 = \frac{(20 - 18)}{2} = 1 \text{ mm}$$

每次背吃刀量：

$a_{p1} = 0.4$ mm，$a_{p2} = 0.3$ mm，$a_{p3} = 0.2$ mm，$a_{p4} = 0.1$ mm

二、编程知识

螺纹车削循环指令 G82

圆柱螺纹切削循环

格式：

G82 X(U)＿＿＿ Z(W)＿＿＿ R＿＿ E＿＿ C＿＿ P＿＿ F＿＿；

说明：

X、Z：绝对值编程时，为螺纹终点 C 在工件坐标系下的坐标；增量值编程时，为螺纹终点 C 相对于循环起点 A 的有向距离，图形中用 U、W 表示，其符号由轨迹 1 和 2 的方向确定。

R、E：螺纹切削的退尾量，R、E 均为向量，R 为 Z 向回退量；

E 为 X 向回退量，R、E 可以省略，表示不用回退功能。

C:螺纹头数,为 0 或 1 时切削单头螺纹;

P:单头螺纹切削时,为主轴基准脉冲处距离切削起始点的主轴转角(缺省值为 0);多头螺纹切削时,为相邻螺纹头的切削起始点之间对应的主轴转角。

F:螺纹导程。

该指令执行如图 3-27 所示,A→B→C→D→A 的轨迹动作。

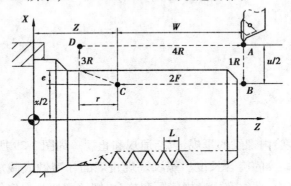

图 3-27　圆柱螺纹切削循环

三、举例

如图 3-28 所示,用 G82 指令编程,毛坯外形和螺纹孔已加工,程序如下。

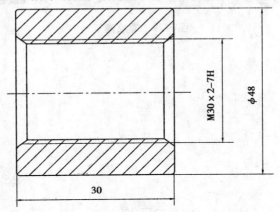

图 3-28　G82 指令编程车内螺纹实例

%0003;

N10 T0101;

N20 G00 X100 Z100;

N30 M03 S500;

N40 G00 X27 Z5;

N50 G82 X28.5 Z−35 F2;

N60 X28.8;

N70 X29;

N80 X29.2;

N90 X29.4；

N100 X29.6；

N110 X29.8；

N120 X29.9；

N130 X30；

N140 G00 Z100；

N150 X100；

N160 M05；

N170 M30；

四、螺纹塞规介绍

螺纹塞规是综合检验内螺纹的量规，包括通规和止规。如图 3-29 所示。通规具有完整的牙型，长度等于被检测螺纹的旋合长度。螺纹塞规止规的牙型做成截短型牙型，且牙扣只做出几个牙。在旋合长度内，螺纹塞规通规能顺利旋合，螺纹塞规止规仅仅能旋进 2~3 牙，但不能通过，则内螺纹合格。

图 3-29　螺纹塞规

 任务实施

一、工量刃具准备

1）工具

工具清单

序号	工具名称	参考图片	备　注
1	卡盘扳手		装夹工件后应立即将卡盘扳手取下，以免主轴转动卡盘扳手飞出伤人
2	刀架扳手		使用后放回指定位置
3	刀具垫片		垫片尽可能少而平整
4	活动扳手		使用后放回指定位置

2) 刃具

刃具清单及切削参数

序号	刀具号	刀具类型	刀片规格	加工内容	切削用量		参考图片	备注
					主轴转速	进给速度		
1	T0101	90°外圆车刀	80°菱形 R0.4	外圆、端面				
2	T0202	切槽车刀	刀宽 3 mm	沟槽				
3		中心钻	φ2、φ4	中心孔				
4	T0303	内孔车刀	φ12	内表面				
5	T0404	内沟槽车刀	刀宽 3 mm	内槽				
6	T0404	内螺纹车刀	刀尖60°	螺纹				
7		麻花钻	φ14	钻孔				
编制			审核		批准		共1页	第1页

3) 量具

量具清单

序号	量具名称	规格	精度	参考图片	备注
1	游标卡尺	0~150 mm	0.02 mm		
2	内径千分尺	0~25 mm, 25~50 mm	0.01 mm		
3	螺纹塞规	M30×2	7H		
4	外径千分尺	0~25 mm, 25~50 mm	0.01 mm		
5	钢直尺	0~320 mm	1 mm		

二、数控加工工序卡片

加工工序单

图纸编号	学生证号	操作人员	日期	毛坯材料	加工设备编号

序号	工序内容	刀具			主轴转速/ $(r \cdot min^{-1})$	进给量/ $(mm \cdot r^{-1})$	切深/ mm	切削液	备注
		类型	材料	规格					
1									
2									
3									
4									
5									
6									
7									
8									
9									
10									

装夹定位示意图：	说明： 编程原点位置示意图	其他说明：

三、加工程序

加工程序单

项目序号		任务名称		编程原点	
程序号		数控系统		编制人	
程序段号		程序内容		简要说明	

四、零件加工

1) 加工准备

①检查毛坯尺寸。

②开机、回参考点、关机。

开机步骤	回参考点注意事项	关机步骤

2) 程序输入及程序校验

①先通过机床操作面板将程序输入到数控机床中,然后检验加工程序是否正确。

②碰到的问题有哪些:＿＿＿＿＿＿＿＿＿＿＿＿＿＿＿＿＿＿＿＿＿＿＿＿＿＿＿＿＿
＿＿＿＿＿＿＿＿＿＿＿＿＿＿＿＿＿＿＿＿＿＿＿＿＿＿＿＿＿＿＿＿＿＿＿＿＿＿＿

③装夹工件。

装夹工件的注意事项:＿＿＿＿＿＿＿＿＿＿＿＿＿＿＿＿＿＿＿＿＿＿＿＿＿＿＿＿
＿＿＿＿＿＿＿＿＿＿＿＿＿＿＿＿＿＿＿＿＿＿＿＿＿＿＿＿＿＿＿＿＿＿＿＿＿＿＿

④安装刀具。

安装刀具的注意事项:＿＿＿＿＿＿＿＿＿＿＿＿＿＿＿＿＿＿＿＿＿＿＿＿＿＿＿＿
＿＿＿＿＿＿＿＿＿＿＿＿＿＿＿＿＿＿＿＿＿＿＿＿＿＿＿＿＿＿＿＿＿＿＿＿＿＿＿

⑤试切对刀、设定刀补。

试切对刀、设定刀补的步骤及注意事项:＿＿＿＿＿＿＿＿＿＿＿＿＿＿＿＿＿＿＿
＿＿＿＿＿＿＿＿＿＿＿＿＿＿＿＿＿＿＿＿＿＿＿＿＿＿＿＿＿＿＿＿＿＿＿＿＿＿＿

⑥加工中应如何控制尺寸?

＿＿＿＿＿＿＿＿＿＿＿＿＿＿＿＿＿＿＿＿＿＿＿＿＿＿＿＿＿＿＿＿＿＿＿＿＿＿＿
＿＿＿＿＿＿＿＿＿＿＿＿＿＿＿＿＿＿＿＿＿＿＿＿＿＿＿＿＿＿＿＿＿＿＿＿＿＿＿
＿＿＿＿＿＿＿＿＿＿＿＿＿＿＿＿＿＿＿＿＿＿＿＿＿＿＿＿＿＿＿＿＿＿＿＿＿＿＿

注意事项:

为确保安全操作,自动运行加工程序,建议先采用"单段"方式运行,并将快速倍率调慢至25%,进给倍率减慢到80%,检查刀具偏置正确无误,方可进入自动运行。

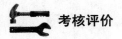 考核评价

评分标准表

姓名：_____ 学生证号：_____ 日期：____年___月___日

时间定额：____分钟 开始时间：____时____分 结束时间：____时____分

评分人：_____ 得分：____分

序号	考核项目	考核内容	配分	评分标准	自评 10%	互评 20%	教师评 70%
1	径向尺寸精度	$\phi48\pm0.03$	10	超差 0.01 扣 1 分			
		$\phi23^{+0.03}_{0}$	12	超差 0.01 扣 1 分			
2	长度尺寸精度	46 ± 0.1	10	超差 0.01 扣 1 分			
		$23^{+0.05}_{0}$	6	超差 0.02 扣 1 分			
		其他长度尺寸	8	超差 0.02 扣 1 分			
3	沟槽	5×2	6	常规检测			
4	螺纹	$M30\times2$	20	螺纹塞规检测，不合格不得分			
5	倒角	倒角(4 处)	2	一处不倒角扣 0.5 分			
6	表面粗糙度	$R_a1.6$(2 处)	6	一处达不到扣 3 分			
		$R_a3.2$(4 处)	4	一处达不到扣 1 分			
7	加工工艺和程序编制	加工工艺合理性	3	不合理扣 3 分			
		程序正确完整性	3	不完整扣 2 分			
		刀具选择合理性	3	不合理扣 3 分			
		工件装夹定位合理性	2	不合理扣 2 分			
		切削用量选择合理性	3	不合理扣 3 分			
		切削液使用合理性	2	不合理扣 1 分			
8	安全文明生产	1.安全正确操作设备 2.工作场地整洁,工件、量具、夹具等器具摆放整齐规范 3.做好事故防范措施,填写交接班记录,并将出现的事故发生原因、过程及处理结果记入运行档案 4.做好环境保护		每违反一项从总分扣除 2 分,发生重大事故者取消考试资格并赔偿相应的损失。扣分不超过 10 分			

 **学习反思**

写一写你在本任务的学习中,掌握了哪些技能,哪些技能还需提升,在加工中需要注意哪些问题?

_____

_____

_____

_____

 拓展知识

螺纹车削循环指令 G82

锥螺纹切削循环

格式:

G82 X___ Z___ I___ R___ E___ C___ P___ F___;

说明:

X、Z:绝对值编程时,为螺纹终点 C 在工件坐标系下的坐标;增量值编程时,为螺纹终点 C 相对于循环起点 A 的有向距离,图形中用 U、W 表示。

I:为螺纹起点 B 与螺纹终点 C 的半径差。其符号为差的符号(无论是绝对值编程还是增量值编程)。

R、E:螺纹切削的退尾量,R、E 均为向量,R 为 Z 向回退量;

E 为 X 向回退量,R、E 可以省略,表示不用回退功能。

C:螺纹头数,为 0 或 1 时切削单头螺纹;

P:单头螺纹切削时,为主轴基准脉冲处距离切削起始点的主轴转角(缺省值为 0);多头螺纹切削时,为相邻螺纹头的切削起始点之间对应的主轴转角。

F:螺纹导程。

该指令执行如图 3-30 所示 A→B→C→D→A 的轨迹动作。

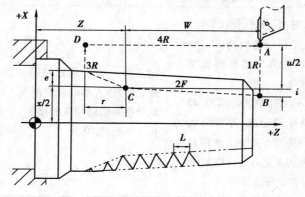

图 3-30 锥螺纹切削循环

编程及加工如图 3-31 所示零件。毛坯尺寸为 $\phi50 \times 80$，材料 45#。

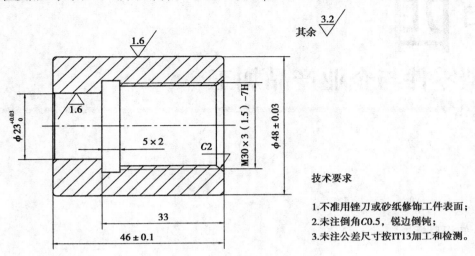

图 3-31　内螺纹零件（多头螺纹）

技术要求

1. 不准用锉刀或砂纸修饰工件表面；
2. 未注倒角 C0.5，锐边倒钝；
3. 未注公差尺寸按 IT13 加工和检测。

项目 四

典型零件与企业产品加工

 知识目标

1.掌握典型零件与企业产品加工的相关工艺知识。
2.掌握 G00、G01、G02、G03、G71、G76 和 M、S、T、F 指令的功能与格式。
3.掌握手工编程中的数值换算,如锥度计算。
4.掌握普通圆柱外三角螺纹主要参数及计算。

 能力目标

1.熟练操作机床。
2.在数控车床上加工复合零件,并达到图纸要求。
3.熟练编制复合零件程序,车削参数合理。

 情感态度价值观目标

1.通过观看相关图片、动画、视频和车间实操,激发学生对数控车床加工技术的兴趣。
2.形成讨论学习小组,培养学生的交流意识与团队协作精神。
3.变被动的接受式学习为主动探究式学习。使学生学习的过程成为发现问题、提出问题、分析问题、解决问题的过程。
4.培养学生的环保意识、质量意识。

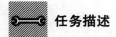

任务一 典型零件(一)

任务描述

读懂如图 4-1 所示零件图,能制定出合理的加工工艺,掌握外圆偏刀、切断刀等车刀的正确使用,在数控车床上应用 G00、G01、G03、G71 和 M、S、T、F 等指令进行编程,完成零件的加工。

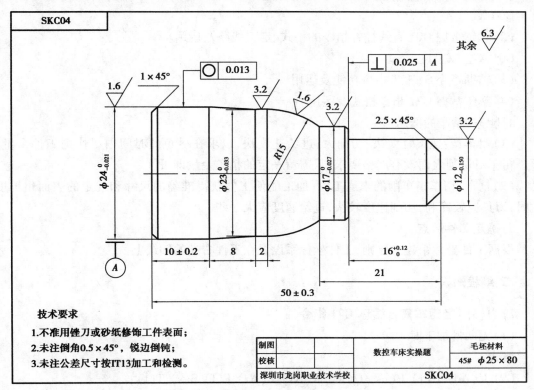

图 4-1 典型零件(SKC04)

知识获取

一、相关工艺知识

1)刀具安装要求

(1)车刀装夹时,刀尖必须严格对准工件旋转中心,过高或过低都会造成刀尖崩裂。

(2)安装时刀头伸出长度约为刀杆厚度的 1~1.5 倍。

2）零件的安装

数控车床上零件的安装方法与普通车床一样,要合理选择定位基准和夹紧方案,主要注意以下两点:

(1)力求设计、工艺与编程计算的基准统一,这样有利于提高编程时数值计算的简便性和精确性。

(2)尽量减少装夹次数,尽可能在一次装夹后,加工出全部待加工表面。

(3)工件要装正夹紧,伸出长度为 60 mm。

3）编程要求

(1)熟练掌握 G00 快速定位指令的格式、走刀线路及运用。

G00 X __ Z__

(2)熟练掌握 G01 直线插补指令的格式、走刀线路及运用。

G01 X __ Z__F__

(3)辅助指令 S、M、T 指令功能及运用。

(4)熟练掌握 G71 指令格式及运用。

4）粗车、精车的概念

(1)粗车:转速不宜太快,切削大,进给速度快,以求在尽短的时间内尽快把工件余量车掉。粗车对切削表面没有严格要求,只需留一定的精车余量即可。

(2)精车:精车指车削的末道工序,加工能使工件获得准确的尺寸和规定的表面粗糙度。此时,刀具应较锋利,切削速度较快,进给速度应大一些。

5）确定工件原点

根据工件坐标系建立原则,工件坐标系设置在工件右端的轴线上。

二、编程知识

1）内（外）径粗车复合循环 G71 指令

(1)无凹槽加工时

格式:

G71 U(Δd) R(r) P(ns) Q(nf) X(Δx) Z(Δz) F(f) S(s) T(t);

说明:

该指令执行如图 4-2 所示的粗加工和精加工,其中精加工路径为 A→A′→B′→B 的轨迹。

Δd:切削深度(每次切削量),指定时不加符号,方向由矢量 AA′决定;

r:每次退刀量;

ns:精加工路径第一程序段(即图中的 AA′)的顺序号;

nf:精加工路径最后程序段(即图中的 B′B)的顺序号;

Δx:X 方向精加工余量;

Δz:Z 方向精加工余量;

f,s,t:粗加工时 G71 中编程的 F、S、T 有效,而精加工时处于 ns 到 nf 程序段之间的 F、S、T 有效。

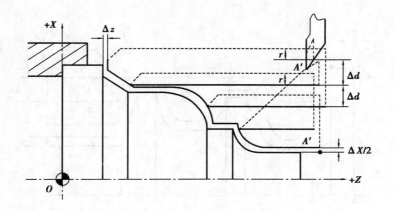

图 4-2　内(外)径粗车复合循环 G71

G71 切削循环下,切削进给方向平行于 Z 轴,X(-U)和 Z(-W)的符号如图 4-3 所示。其中(+)表示沿轴正方向移动,(-)表示沿轴负方向移动。

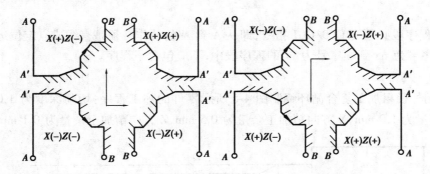

图 4-3　G71 复合循环下 X(-U)和 Z(-W)的符号

(2)有凹槽加工时

格式:

G71 U(Δd) R(r) P(ns) Q(nf) E(e) F(f) S(s) T(t);

说明:

该指令执行如图 4-4 所示的粗加工和精加工,其中精加工路径为 A→A′→B′→B 的轨迹。

Δd:切削深度(每次切削量),指定时不加符号,方向由矢量 AA′决定;

r:每次退刀量;

ns:精加工路径第一程序段(即图中的 AA′)的顺序号;

nf:精加工路径最后程序段(即图中的 B′B)的顺序号;

e:精加工余量,其为 X 方向的等高距离,外径切削时为正,内径切削时为负;

f,s,t:粗加工时 G71 中编程的 F、S、T 有效,而精加工时处于 ns 到 nf 程序段之间的 F、S、T 有效。

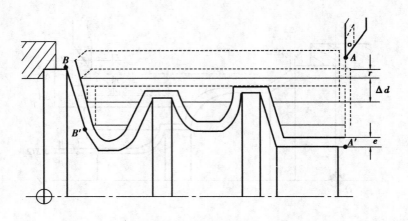

图 4-4 内(外)径粗车复合循环 G71

注意:

①G71 指令必须带有 P,Q 地址 ns、nf,且与精加工路径起、止顺序号对应,否则不能进行该循环加工。

②ns 的程序段必须为 G00/G01 指令,即从 A 到 A′的动作必须是直线或点定位运动。

③在顺序号为 ns 到顺序号为 nf 的程序段中,不应包含子程序。

2)例题

例 1 用外径粗加工复合循环编制图 4-5 所示零件的加工程序:切削深度为 1.0 mm(半径量)。退刀量为 1.0 mm,X 方向精加工余量为 0.5 mm,Z 方向精加工余量为 0.1 mm。

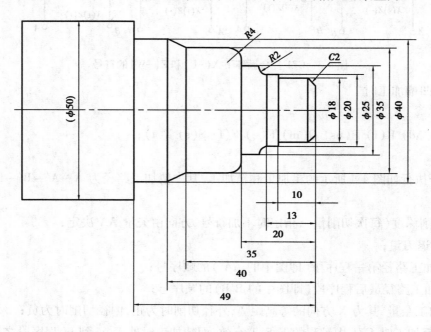

图 4-5 G71 外径复合循环编程实例

%5678
T0101
G00X100Z100
M03S800
G0X50Z5
G71U1R1P1Q2X0.5Z0.1F100
G0X100Z100
M05
M00
T0101M03S1200
G00X50Z5
N1G01X14F110
Z0
X18Z−2
Z−10
X20
Z−13
G02X25Z−15R2
G01Z−20
G03X35Z−24R4
G01Z−35
X40Z−40
Z−49
N2X50
G00X100Z100
M05
M30

例2　用有凹槽的外径粗加工复合循环编制图4-6所示零件的加工程序,其中虚线部分为工件毛坯。

%3329
N1 T0101　　　　　　　　　　　　　（换一号刀,确定其坐标系）
N2 G00 X80 Z100　　　　　　　　　　（到程序起点或换刀点位置）
M03 S800　　　　　　　　　　　　　（主轴以800 r/min正转）
N3 G00 X42 Z3　　　　　　　　　　　（到循环起点位置）
N4G71U1R1P8Q19E0.3F100　　　　　　（有凹槽粗切循环加工）
N5 G00 X80 Z100　　　　　　　　　　（粗加工后,到换刀点位置）
N6 T0202M03S1200　　　　　　　　　（换二号刀,确定其坐标系,主轴以1 200 r/min正转）

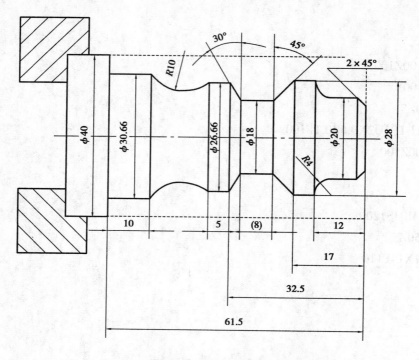

图 4-6 G71 有凹槽复合循环编程实例

N7 G00 X42 Z3　　　　　　　　（到循环起点位置）
N8 G00 X10　　　　　　　　　　（精加工轮廓开始，到倒角延长线处）
N9 G01 X20 Z-2 F110　　　　　（精加工倒 2×45°角）
N10 Z-8　　　　　　　　　　　　（精加工 φ20 外圆）
N11 G02 X28 Z-12 R4　　　　　（精加工 R4 圆弧）
N12 G01 Z-17　　　　　　　　　（精加工 φ28 外圆）
N13 U-10 W-5　　　　　　　　　（精加工下切锥）
N14 W-8　　　　　　　　　　　　（精加工 φ18 外圆槽）
N15 U8.66 W-2.5　　　　　　　（精加工上切锥）
N16 Z-37.5　　　　　　　　　　（精加工 φ26.66 外圆）
N17 G02 X30.66 W-14 R10　　（精加工 R10 下切圆弧）
N18 G01 W-10　　　　　　　　　（精加工 φ30.66 外圆）
N19 X40　　　　　　　　　　　　（退出已加工表面，精加工轮廓结束）
N20 G00 X80 Z100　　　　　　　（返回换刀点位置）
N21 M30　　　　　　　　　　　　（主轴停、主程序结束并复位）

 **任务实施**

一、工量刃具准备

1)工具

工具清单

序号	工具名称	参考图片	备　注
1	卡盘扳手		装夹工件后应立即将卡盘扳手取下,以免主轴转动卡盘扳手飞出伤人
2	刀架扳手		使用后放回指定位置
3	垫刀片		垫片尽可能少而平整
4	扳手		

2)刃具

刃具清单及切削参数

序号	刀具号	刀具类型	刀片规格	加工内容	切削用量		参考图片	备　注
					主轴转速	进给速度		
1	T0101	90°外圆车刀	80°菱形 $R0.4$	外圆、端面				粗车
2	T0202	93°外圆车刀	35°菱形 $R0.4$	外圆、端面				
3	T0303	切断刀	刀宽 3 mm	切断				
编制		审核		批准			共1页	第1页

3) 量具

量具清单

序号	量具名称	规　格	精　度	参考图片	备　注
1	游标卡尺	0~150 mm	0.02 mm		
2	外径千分尺	0~25 mm 25~50 mm	0.01 mm		

二、数控加工工序单

加工工序单

图纸编号	学生证号	操作人员	日　期	毛坯材料	加工设备编号

序号	工序内容	刀具			主轴转速/ $(r \cdot min^{-1})$	进给量/ $(mm \cdot r^{-1})$	切深/ mm	切削液	备注
		类型	材料	规格					
1									
2									
3									
4									
5									
6									
7									
8									
9									
10									

装夹定位示意图：	说明： 编程原点位置示意图	其他说明：

三、加工程序

加工程序单

项目 序号		任务名称		编程 原点	
程序号		数控系统		编制人	
程序 段号	程序内容		简要说明		

四、零件加工

1) 加工准备

①检查毛坯尺寸。

②开机、回参考点、关机。

开机步骤	回参考点注意事项	关机步骤

2) 程序输入及程序校验

①先通过机床操作面板将程序输入到数控机床中，然后检验加工程序是否正确。

②碰到的问题有哪些：_____

_____

③装夹工件。

装夹工件的注意事项：_____

_____

④安装刀具。

安装刀具的注意事项：_____

_____

⑤试切对刀、设定刀补。

试切对刀、设定刀补的步骤及注意事项：_____

_____

⑥加工中应如何控制尺寸？

_____

_____

_____

注意事项：

为确保安全操作,自动运行加工程序,建议先采用"单段"方式运行,并将快速倍率调慢至25%,进给倍率减慢到80%,检查刀具偏置正确无误,方可进入自动运行。

考核评价

评分标准表

姓名：_____　学生证号：_____　日期：____年___月___日

时间定额：____分钟　开始时间：____时____分　结束时间：____时____分

评分人：_____　得分：_____分

序号	考核项目	考核内容	配分	评分标准	自评 10%	互评 20%	教师评 70%
1	径向尺寸精度	$\phi 12^{\ 0}_{-0.15}$	10	超差 0.05 扣 1 分			
		$\phi 17^{\ 0}_{-0.027}$	10	超差 0.01 扣 2 分			
		$\phi 23^{\ 0}_{-0.033}$	10	超差 0.01 扣 2 分			
		$\phi 24^{\ 0}_{-0.021}$	10	超差 0.005 扣 2 分			
2	长度尺寸精度	50 ± 0.3	5	超差 0.1 扣 1 分			
		10 ± 0.2	5	超差 0.1 扣 1 分			
		$16^{+0.12}_{\ 0}$	5	超差 0.02 扣 1 分			
		其他任长度尺寸	3	超差 0.05 扣 1 分			
3	圆弧尺寸精度	$R15$	10	样板检测,超差 0.1 扣 5 分			
4	倒角尺寸	任一倒角尺寸	3	常规检测			
5	表面粗糙度	$R_a 3.2$（3 处）	3	一处达不到扣 1 分			
		$R_a 1.6$（2 处）	4	一处达不到扣 2 分			
6	形位公差	垂直度 0.025	3	超差 0.01 扣 1 分			
		圆度 0.013	3	超差 0.01 扣 1 分			
7	加工工艺和程序编制	加工工艺合理性	3	不合理扣 3 分			
		程序正确完整性	3	不完整扣 2 分			
		刀具选择合理性	3	不合理扣 3 分			
		工件装夹定位合理性	2	不合理扣 2 分			
		切削用量选择合理性	3	不合理扣 3 分			
		切削液使用合理性	2	不合理扣 1 分			

续表

序号	考核项目	考核内容	配分	评分标准	自评10%	互评20%	教师评70%
8	安全文明生产	1.安全正确操作设备 2.工作场地整洁,工件、量具、夹具等器具摆放整齐规范 3.做好事故防范措施,填写交接班记录,并将出现的事故发生原因、过程及处理结果记入运行档案 4.做好环境保护		每违反一项从总分扣除2分,发生重大事故者取消考试资格并赔偿相应的损失。扣分不超过10分			

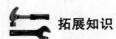

学习反思

写一写你在本任务的学习中,掌握了哪些技能,哪些技能还需提升,在加工中需要注意哪些问题?

_____

_____

_____

_____

拓展知识

刀具材料

一、高性能高速钢

高性能高速钢是在普通高速钢中增加一些碳(C)、钒(V),并添加钴(Co)或铝(Al)等合金元素而获得,耐磨性和耐热性得到显著提高。

类 型		牌 号	硬度（HRC）			抗弯强度	冲击韧性
			常温	500 ℃	600 ℃	（GPa）	（MJ/m²）
普通高速钢		W18Cr4V	63~66	56	48.5	3.0~3.4	0.18~0.32
		W6Mo5Cr4V2	63~66	55~56	47~48	3.5~4.0	0.3~0.4
		W9Mo3Cr4V	63~66	59		4.0~4.5	0.35~0.40
高性能高速钢	高钒	W6Mo5Cr4V3	65~67		51.7	~3.2	~0.25
		W12Cr4V4Mo	66~67		52	~3.2	~0.1
	含钴	W2Mo9Cr4VCo8	67~69	60	55	2.7~3.8	0.23~0.3
		W6Mo5Cr4V2Co8	66~68		54	~3.0	~0.3
	含铝	W6Mo5Cr4V2Al	67~69	60	55	2.9~3.9	0.23~0.3
		W10Mo4Cr4V3Al	67~69	60	54	3.1~3.5	0.2~0.28

二、粉末冶金高速钢

1）优点

粉末冶金高速钢完全避免了碳化物的偏析，晶粒细化，分布均匀，强度、硬度、耐磨性等有了显著提高。由于物理、力学性能各向同性，减少了热处理造成的变形与应力。

2）用途

（1）制造切削难加工材料的刀具。

（2）进行强力、断续切削时，要求锋利、强度和韧性高的刀具。

3）高速钢刀具的表面处理

表面处理：通过某种特殊工艺改善刀具表层的成分与组织或在刀具表面涂镀一层耐磨薄层（0.002mm 左右）。

常见的表面处理有：

（1）氮化处理

（2）离子注入

（3）液体氮碳共渗

（4）真空溅射涂镀

（5）物理气相沉积 TiN、TiC

经过表面处理的刀具，耐用度得到显著提高。如目前一些铣刀、钻头的切削部分呈金黄色，多为 TiN 涂层。

三、其他硬质合金

种 类	主要成分	优缺点	主要用途
碳化钛基（YN 类）硬质合金	以 TiC 为主要成分,加入少量的 WC、NbC,以 Ni 和 Co 为黏结剂	耐磨,耐热,抗黏结,切削速度高。强度、韧性较低	用于合金钢、淬火钢的精加工
钢结硬质合金（YE 类）	以 TiC 或 WC 做硬质相,高速钢做黏结相,属高速钢基硬质合金	耐热,耐磨,韧性好,可锻造性、热处理性和可切削性较好	制作结构复杂的刀具,如钻头、铣刀等
细晶粒、超细晶粒硬质合金	细晶粒合金平均粒度在 1.5 μm 左右,超细晶粒合金粒度在 0.2~1 μm	抗弯强度较高,在中、低速及断续切削的状态下不易发生崩刃现象	
涂层硬质合金	在硬质合金表面涂覆一层或多层(5~13 μm)的难溶金属碳化物	硬度、耐磨性和耐热性得到较大提高	多用于机夹式不重磨刀片

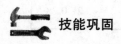 **技能巩固**

编程及加工如图 4-7 所示零件,毛坯尺寸为 $\phi25\times80$,材料 45#,工时 120 min。

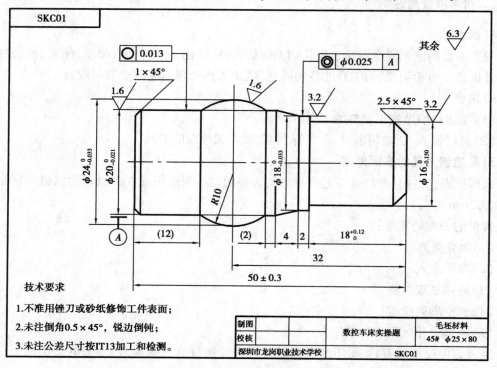

图 4-7　典型零件(SKC01)

任务二　典型零件(二)

 任务描述

读懂4-8零件图,能制定出合理的加工工艺,掌握外圆偏刀、切刀、外螺纹刀和内孔车刀的正确使用,在数控车床上应用 G00、G01、G02、G71、G76 和 M、S、T、F 等指令进行编程,完成零件的加工。

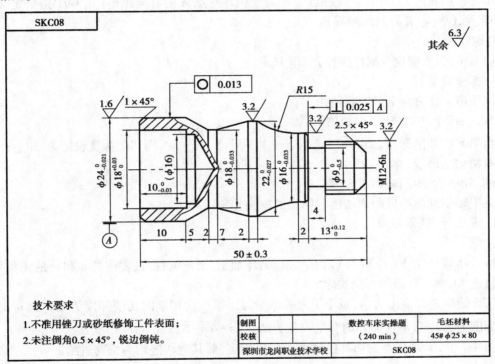

图 4-8　典型零件(SKC08)

知识获取

一、编程知识

1) 螺纹切削复合循环 G76

格式:

G76C(c)R(r)E(e)A(a)X(x)Z(z)I(i)K(k)U(d)V(Δd_{min})Q(Δd)P(p)F(L);

说明：

螺纹切削固定循环 G76 执行如图 4-9 所示的加工轨迹,其单边切削及参数如图 4-10 所示。

其中:

c:精整次数(1~99),为模态值;

r:螺纹 Z 向退尾长度(00~99),为模态值;

e:螺纹 X 向退尾长度(00~99),为模态值;

a:刀尖角度(二位数字),为模态值;

在 80°、60°、55°、30°、29° 和 0° 六个角度中选一个;

x、z:绝对值编程时,为有效螺纹终点 C 的坐标;

增量值编程时,为有效螺纹终点 C 相对于循环起点 A 的有向距离(用 G91 指令定义为增量编程,用 G90 定义为绝对编程)。

i:螺纹两端的半径差;

如 i=0,为直螺纹（圆柱螺纹）切削方式;

k:螺纹高度;

该值由 x 轴方向上的半径值指定;

Δd_{min}:最小切削深度(半径值);

当第 n 次切削深度($\Delta d\sqrt{n} - \Delta d\sqrt{n-1}$),小于 Δd_{min} 时,则切削深度设定为 Δd_{min};

d:精加工余量(半径值);

Δd:第一次切削深度(半径值);

p:主轴基准脉冲处距离切削起始点的主轴转角;

L:螺纹导程(同 G32);

注意:

按 G76 段中的 X(x) 和 Z(z) 指令实现循环加工,增量编程时,要注意 u 和 w 的正负号(由刀具轨迹 AC 和 CD 段的方向决定)。

G76 循环进行单边切削,减小了刀尖的受力。第一次切削时切削深度为 Δd,第 n 次的切削总深度为 $\Delta d\sqrt{n}$,每次循环的背吃刀量为 $\Delta d(\sqrt{n}-\sqrt{n-1})$。

图 4-9 中,C 到 D 点的切削速度由 F 代码指定,而其他轨迹均为快速进给。

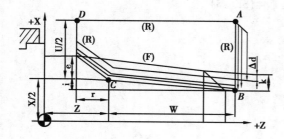

图 4-9　螺纹切削复合循环 G76

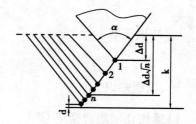

图 4-10　G76 循环单边切削及其参数

例 1　用螺纹切削复合循环 G76 指令编程,加工螺纹为 ZM60×2,工件尺寸见图 4-11,其中括弧内尺寸根据标准得到。

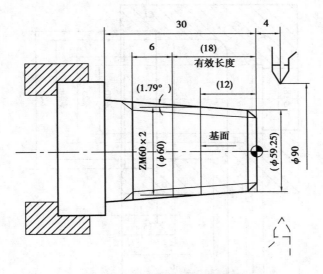

图 4-11　G76 循环切削编程实例

%1111	
N1 T0101	（换一号刀,确定其坐标系）
N2 G00 X100 Z100	（到程序起点或换刀点位置）
N3 M03 S600	（主轴以 600 r/min 正转）
N4 G00 X90 Z4	（到简单循环起点位置）
N5 G80 X61.125 Z−30 I−1.063 F80	（加工锥螺纹外表面）
N6 G00 X100 Z100 M05	（到程序起点或换刀点位置）
N7 T0202	（换二号刀,确定其坐标系）
N8 M03 S500	（主轴以 500 r/min 正转）
N9 G00 X90 Z4	（到螺纹循环起点位置）
N10 G76C2R−3E1.3A60X58.15Z−24I−0.875K1.299U0.1V0.1Q0.9F2	
N11 G00 X100 Z100	（返回程序起点位置或换刀点位置）
N12 M05	（主轴停）
N13 M30	（主程序结束并复位）

2) 内孔编程例题

例 2　用内径粗加工复合循环编制图 4-12 所示零件的加工程序:要求循环起始点在 A(46,3),切削深度为 0.5 mm(半径量),退刀量为 0.5 mm,X 方向精加工余量为 0.4 mm,Z 方向精加工余量为 0.1 mm。

```
%1234
T0101
G00X100Z100
M03S800
G00X18Z5
```

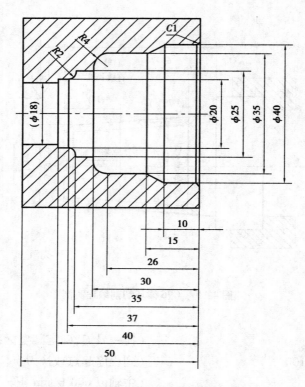

图 4-12　G71 内径复合循环编程实例

G71U0.5R0.5P1Q2X－0.5Z0.1F100

G00Z100

X100

M05

M00

T0101M03S1000

G0X18Z5

N1G01X42F90

Z0

X40Z－1

Z－10

X35Z－15

Z－26

G03X25Z－30R4

G01Z－35

G02X20Z－37R2

G01Z－40

N2X18

G00Z100

X100

M05

M30

 任务实施

一、工量具准备

1）工具

工具清单

序号	工具名称	参考图片	备　注
1	卡盘扳手		装夹工件后应立即将卡盘扳手取下，以免主轴转动卡盘扳手飞出伤人
2	刀架扳手		使用后放回指定位置
3	垫刀片		垫片少而平整
4	扳手		

2）刃具

刃具清单及切削参数

序号	刀具号	刀具类型	刀片规格	加工内容	切削用量		参考图片	备　注
					主轴转速	进给速度		
1	T0101	90°外圆车刀	80°菱形 $R0.4$	外圆、端面				
2	T0202	93°外圆车刀	35°菱形 $R0.4$	外圆、端面				
3	T0303	螺纹车刀	刀尖 60°	螺纹				
4	T0404	内孔车刀	80°菱形 $R0.4$	内表面				

续表

序号	刀具号	刀具类型	刀片规格	加工内容	切削用量		参考图片	备注
					主轴转速	进给速度		
5		麻花钻	φ16	钻孔				
6		中心钻	φ2、φ4	中心孔				
7		切断刀	3 mm	切断				
编制		审核		批准			共1页	第1页

3)量具

量具清单

序号	量具名称	规格	精度	参考图片	备注
1	游标卡尺	0~150 mm	0.02 mm		
2	外径千分尺	0~25 mm,25~50 mm	0.01 mm		
3	内径千分尺	5~30 mm,25~50 mm	0.01 mm		
4	钢直尺	0~320 mm			

二、数控加工工序单

加工工序单

图纸编号	学生证号	操作人员	日期	毛坯材料	加工设备编号

序号	工序内容	刀具			主轴转速/($r \cdot min^{-1}$)	进给量/($mm \cdot r^{-1}$)	切深/mm	切削液	备注
		类型	材料	规格					
1									
2									
3									

续表

序号	工序内容	刀　具			主轴转速/ (r·min⁻¹)	进给量/ (mm·r⁻¹)	切深/ mm	切削液	备注
		类型	材料	规格					
4									
5									
6									
7									
8									
9									
10									

装夹定位示意图：	说明： 编程原点位置示意图	其他说明：

三、加工程序

加工程序单

项目 序号		任务名称		编程 原点	
程序号		数控系统		编制人	
程序 段号	程序内容		简要说明		

续表

程序段号	程序内容	简要说明

四、零件加工

1）加工准备

①检查毛坯尺寸。

②开机、回参考点、关机。

开机步骤	回参考点注意事项	关机步骤

2) 程序输入及程序校验

①先通过机床操作面板将程序输入到数控机床中,然后检验加工程序是否正确。

②碰到的问题有哪些：_____

_____

③装夹工件。

装夹工件的注意事项：_____

_____

④安装刀具。

安装刀具的注意事项：_____

_____

⑤试切对刀、设定刀补。

试切对刀、设定刀补的步骤及注意事项：_____

_____

⑥加工中应如何控制尺寸？

_____

_____

_____

_____

注意事项：

　　为确保安全操作,自动运行加工程序,建议先采用"单段"方式运行,并将快速倍率调慢至25%,进给倍率减慢到80%,检查刀具偏置正确无误,方可进入自动运行。

考核评价

评分标准表

姓名：_____　　学生证号：_____　　日期：____年___月___日

时间定额：_____分钟　　开始时间：_____时_____分　　结束时间：_____时_____分

评分人：_____　　得分：_____分

序号	考核项目	考核内容	配分	评分标准	自评 10%	互评 20%	教师评 70%
1	径向尺寸精度	$\phi24_{-0.021}^{0}$	8	超差 0.005 扣 1 分			
		$\phi18_{-0.033}^{0}$	8	超差 0.01 扣 1 分			
		$\phi22_{-0.027}^{0}$	8	超差 0.01 扣 1 分			
		$\phi16_{-0.033}^{0}$	8	超差 0.01 扣 1 分			
		$\phi9_{-0.5}^{0}$	6	超差 0.05 扣 1 分			
		$\phi18_{0}^{+0.03}$	8	超差 0.01 扣 1 分			

续表

序号	考核项目	考核内容	配分	评分标准	自评 10%	互评 20%	教师评 70%
2	长度尺寸精度	$13^{+0.12}_{0}$	4	超差 0.05 扣 1 分			
		50±0.3	4	超差 0.1 扣 1 分			
		其他任一长度	3	超差 0.1 扣 1 分			
3	圆弧尺寸精度	$R15$	6	样板检测，超差 0.1 扣 1 分			
4	倒角尺寸	任一倒角尺寸	2	常规检测			
5	螺纹	M12	10	环规检测，不合格不得分			
6	表面粗糙度	R_a3.2 各处	2	一处达不到扣 2 分			
		R_a1.6 各处	3	一处达不到扣 1 分			
7	形位公差	垂直度	2	超差 0.01 扣 1 分			
		圆度	2	超差 0.01 扣 1 分			
8	加工工艺和程序编制	加工工艺合理性	3	不合理扣 3 分			
		程序正确完整性	3	不完整扣 2 分			
		刀具选择合理性	3	不合理扣 3 分			
		工件装夹定位合理性	2	不合理扣 2 分			
		切削用量选择合理性	3	不合理扣 3 分			
		切削液使用合理性	2	不合理扣 1 分			
9	安全文明生产	1.安全正确操作设备 2.工作场地整洁，工件、量具、夹具等器具摆放整齐规范 3.做好事故防范措施，填写交接班记录，并将出现的事故发生原因、过程及处理结果记入运行档案 4.做好环境保护		每违反一项从总分扣除 2 分，发生重大事故者取消考试资格并赔偿相应的损失。扣分不超过 10 分			

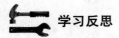 **学习反思**

写一写你在本任务的学习中,掌握了哪些技能,哪些技能还需提升,在加工中需要注意哪些问题?

_____

_____

_____

_____

 **拓展知识**

刀具材料

一、陶瓷刀具材料

陶瓷刀具材料:以氧化铝(Al_2O_3)或氮化硅(Si_3N_4)为基体,再添加少量金属,在高温下烧结而成的一种刀具材料。

1)陶瓷刀具材料的主要特点及应用

特点:

(1)高硬度与高耐磨性

(2)高耐热性

(3)良好的化学稳定性和抗黏结性

(4)摩擦因数小

(5)强度和韧性差、热导率低

应用:陶瓷刀具一般适用于高速精细加工硬材料,如在 200 m/min 条件下车削淬火钢。

2)陶瓷刀具材料的种类

(1)氧化铝基陶瓷

成分:将一定量的碳化物(多以 TiC)添加到 Al_2O_3 中,称为混合陶瓷或组合陶瓷。若添加镍(Ni)、钴(Co)、钨(W)等作为黏结金属,可较大地提高陶瓷刀具的强度。

应用:适合在中等切削速度下切削难加工材料,如冷硬铸铁、淬硬钢等。

(2)氮化硅基陶瓷

成分:将硅粉经氮化、球磨后添加助烧剂于模腔内热压烧结而成。其抗热冲击性能优于其他陶瓷刀具,并不易发生崩刃现象。

应用:切削速度可达 500~600 m/min,适宜精车、半精车,精铣、半精铣加工。可用于切削难加工材料。

二、超硬刀具材料

1）金刚石

金刚石是碳的同素异形体，是目前最硬的物质。有天然与人造之分。

（1）金刚石刀具的优点

①极高的硬度和耐磨性。

②很好的导热性和很低的热膨胀系数。

③刀具的切削刃很锋利，刃面的粗糙度值很小。

④摩擦因数低于其他刀具材料。

（2）金刚石刀具的主要缺点及适用范围

①耐热性差、强度低、脆性大、对冲击、振动敏感，因而对机床的精度、刚性要求较高。一般只适宜用于精加工。

②金刚石与铁和碳原子的亲和性强，易使其丧失切削能力，故不宜用于加工铁族材料。

2）立方氮化硼（简称 CBN）

优点：

（1）很高的硬度与耐磨性。

（2）很高的热稳定性。

（3）有较好的导热性，与钢铁的摩擦因数较小。

应用：用于淬硬钢、冷硬铸铁的粗加工与半精加工，以及高速切削高温合金等难加工材料。但由于其强度及韧性仍较低（介于陶瓷与硬质合金之间），因此不宜用于低速切削。

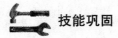 **技能巩固**

编程与加工如图 4-13 所示。

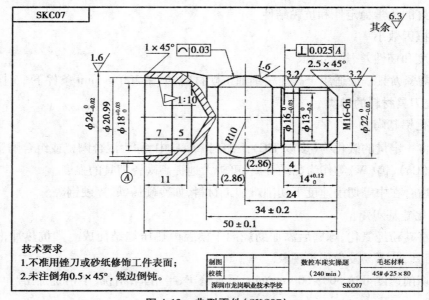

图 4-13　典型零件（SKC07）

152

任务三 典型零件(三)

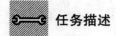

任务描述

读懂 4-14 零件图,能制定出合理的加工工艺,掌握外圆偏刀、切槽(断)刀、外螺纹刀、内孔刀和内螺纹刀等车刀的正确使用,在数控车床上应用 G00、G01、G02、G71、G76 和 M、S、T、F 等指令进行编程,完成零件的加工。

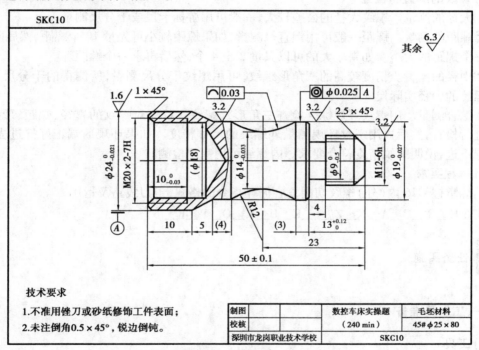

图 4-14 典型零件(SKC10)

知识获取

一、相关工艺知识

在机械制造业中,三角形螺纹应用广泛,常用于连接、紧固,在工具和仪器中还往往用于调节。

三角形螺纹的特点:螺距小、一般螺纹长度较短。其基本要求是,螺纹轴向剖面牙型角必须正确、两侧面表面粗糙度小,中径尺寸符合精度要求,螺纹与工件轴线保持同轴。

1) 螺纹车刀的装夹

①装夹车刀时,刀尖位置一般应对准工件中心(可根据尾座顶尖高度检查)。

②车刀刀尖角的对称中心必须与工件轴线垂直。

③车刀伸出不要过长,为刀杆厚度的 1.5 倍。

2) 三角形内螺纹孔径的确定

在车内螺纹时,首先要钻孔或扩孔,孔径公式一般可采用下面公式计算:

$$D_{孔} \approx D - 1.05P$$

式中　$D_{孔}$——内螺纹小径

　　　D——内螺纹大径

　　　P——内螺纹螺距

3) 螺纹的测量和检查

①大径的测量。螺纹大径的公差较大,一般可用游标卡尺或千分尺测量。

②螺距的测量。螺距一般可用钢直尺测量,如果螺距较小可先量 10 个螺距,然后除以 10 得出一个螺距的大小。如果较大的可以只量 2 至 4 个,然后再求一个螺距。

③中径的测量。精度较高的三角形螺纹,可用螺纹千分尺测量,所测得的千分尺读数就是该螺纹的中径实际尺寸。

④综合测量。用螺纹环规综合检查三角形外螺纹。首先对螺纹的直径、螺距、牙型和粗糙度进行检查,然后再用螺纹环规测量外螺纹的尺寸精度。如果环规通端正好拧进去,而且止端拧不进,说明螺纹精度符合要求。内螺纹可用塞规检测。

4) 编程要求

熟练掌握 G76 内(外)螺纹切削复合循环指令的格式、走刀线路及运用。

G76 C__R__E__A__X__Z__I__K__U__V__Q__P__F__

 任务实施

一、工量具准备

1) 工具

工具清单

序号	工具名称	参考图片	备　注
1	卡盘扳手		装夹工件后应立即将卡盘扳手取下,以免主轴转动卡盘扳手飞出伤人
2	刀架扳手		
3	垫刀片		垫片尽可能少而平整
4	扳手		

2) 刃具

刃具清单及切削参数

序号	刀具号	刀具类型	刀片规格	加工内容	切削用量		参考图片	备　注
					主轴转速	进给速度		
1	T0101	90°外圆车刀	80°菱形 R0.4	外圆、端面				
2	T0202	93°外圆车刀	35°菱形 R0.4	外圆、端面				
3	T0303	外螺纹车刀	刀尖60°	螺纹				
4	T0404	内孔车刀	φ12	内表面				80°菱形 R0.4
5	T0404	内螺纹车刀	刀尖60°	螺纹				
6		麻花钻	φ16	钻孔				
7		中心钻	φ2、φ4	中心孔				
8		切断刀	3 mm	切断				
编制		审核		批准		共1页		第1页

3) 量具

量具清单

序号	量具名称	规　格	精　度	参考图片	备　注
1	游标卡尺	0~150 mm	0.02 mm		
2	外径千分尺	0~25 mm,25~50 mm	0.01 mm		
3	内径千分尺	5~30 mm	0.01 mm		

155

二、数控加工工序单

加工工序单

图纸编号	学生证号	操作人员	日期	毛坯材料	加工设备编号

序号	工序内容	刀具			主轴转速/ $(r \cdot min^{-1})$	进给量/ $(mm \cdot r^{-1})$	切深/ mm	切削液	备注
		类型	材料	规格					
1									
2									
3									
4									
5									
6									
7									
8									
9									
10									

装夹定位示意图：	说明： 编程原点位置示意图	其他说明：

三、加工程序

加工程序单

项目序号		任务名称		编程原点	
程序号		数控系统		编制人	
程序段号	程序内容		简要说明		

四、零件加工

1) 加工准备

①检查毛坯尺寸。

②开机、回参考点、关机。

开机步骤	回参考点注意事项	关机步骤

2) 程序输入及程序校验

①先通过机床操作面板将程序输入到数控机床中,然后检验加工程序是否正确。

②碰到的问题有哪些：_____

_____

③装夹工件。

装夹工件的注意事项：_____

_____

④安装刀具。

安装刀具的注意事项：_____

_____

⑤试切对刀、设定刀补。

试切对刀、设定刀补的步骤及注意事项：_____

_____

⑥加工中应如何控制尺寸？

_____

_____

_____

_____

注意事项：

为确保安全操作,自动运行加工程序,建议先采用"单段"方式运行,并将快速倍率调慢至25%,进给倍率减慢到80%,检查刀具偏置正确无误,方可进入自动运行。

考核评价

评分标准表

姓名：_____ 学生证号：_____ 日期：____年___月___日

时间定额：_____分钟 开始时间：____时____分 结束时间：____时____分

评分人：_____ 得分：_____分

序号	考核项目	考核内容	配分	评分标准	自评 10%	互评 20%	教师评 70%
1	径向尺寸精度	$\phi24_{-0.021}^{0}$	10	超差 0.005 扣 1 分			
		$\phi19_{-0.027}^{0}$	10	超差 0.01 扣 1 分			
		$\phi14_{-0.033}^{0}$	10	超差 0.01 扣 1 分			
		$\phi9_{-0.5}^{0}$	4	超差 0.01 扣 1 分			
2	长度尺寸精度	$13_{0}^{+0.12}$	5	超差 0.05 扣 1 分			
		50 ± 0.1	8	超差 0.1 扣 1 分			
3	圆弧尺寸精度	$R12$	8	样板检测,超差 0.1 扣 1 分			
4	倒角尺寸	任一倒角尺寸	2	常规检测			
5	螺纹精度	M12(外)	8	不合格不得分			
		M20×2(内)	8	不合格不得分			
6	表面粗糙度	$R_a1.6$(1 处)	2	一处达不到扣 2 分			
		$R_a3.2$(3 处)	1.5	一处达不到扣 1 分			
		$R_a6.3$(3 处)	1.5	一处达不到扣 0.5 分			
7	形位公差	线轮廓度(1 处)	2	超差 0.01 扣 1 分			
		同轴度(1 处)	4	超差 0.01 扣 1 分			

续表

序号	考核项目	考核内容	配分	评分标准	自评 10%	互评 20%	教师评 70%
8	加工工艺和程序编制	加工工艺合理性	3	不合理扣3分			
		程序正确完整	3	不完整扣2分			
		刀具选择合理性	3	不合理扣3分			
		工件装夹定位合理性	2	不合理扣2分			
		切削用量选择合理性	3	不合理扣3分			
		切削液使用合理性	2	不合理扣1分			
9	安全文明生产	1.安全正确操作设备 2.工作场地整洁,工件、量具、夹具等器具摆放整齐规范 3.做好事故防范措施,填写交接班记录,并将出现的事故发生原因、过程及处理结果记入运行档案 4.做好环境保护		每违反一项从总分扣除2分,发生重大事故者取消考试资格并赔偿相应的损失。扣分不超过10分			

学习反思

写一写你在本任务的学习中,掌握了哪些技能,哪些技能还需提升,在加工中需要注意哪些问题?

_____

_____

_____

_____

拓展知识

刀具基本知识

一、刀具切削部分的名称

刀具部分切削刃和表面,如图4-15所示。

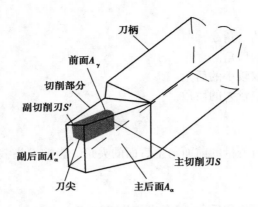

图 4-15　刀具部分切削刃和表面

二、车刀主要几何角度及选用原则

1) 前角 γ_o

（1）定义与作用

前角是在正交平面内测量的前面与基面的夹角。影响刃口的锋利程度、刀尖强度、切削变形和切削力，如图 4-16 所示。

（2）前角 γ_o 的选用原则

①切削较软的塑性材料时，可选择较大的前角。

②切削脆性材料或较硬的材料时，可选择较小的前角。

③当刀具材料强度低、韧性差时，取较小的前角。

④粗加工时取较小的前角。

⑤精加工时取较大的前角。

2) 后角 α_o

（1）定义与作用

后角是在正交平面内测量的后面与切削平面的夹角。减小车刀主后面与工件过渡表面间的摩擦，如图 4-17 所示。

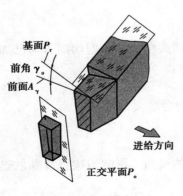

图 4-16　车刀前角

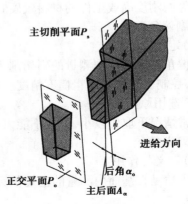

图 4-17　车刀后角

161

（2）选用原则

①粗加工时取较小的后角。

②精加工时取较大的后角。

③工件材料较硬时取较小的后角。

④工件材料较软时取较大的后角。

3）楔角 β_o

（1）定义与作用

楔角是在正交平面内测量的前面与主后面的夹角。影响刀头截面积的大小,从而影响刀头强度。如图 4-18 所示。

（2）选用原则

楔角的大小取决于前角和后角,三者之和为 90°。

4）主偏角 κ_r

（1）定义与作用

主偏角是在基面内测量的主切削刃与进给方向的夹角。改变主切削刃的受力及导热能力,影响切屑的厚度变化。如图 4-19 所示。

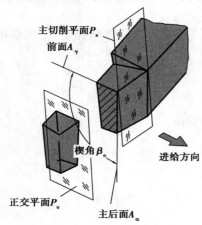

图 4-18　车刀楔角

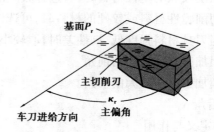

图 4-19　车刀主偏角

（2）选用原则

工件的刚度高或工件的材料较硬时,应选较小的主偏角;反之,应选较大的主偏角。

5）副偏角 κ_r'

（1）定义与作用

副偏角是在基面内测量的副切削刃与进给方向的夹角。减小副切削刃与已加工表面间的摩擦,控制工件的表面粗糙度精度。如图 4-20 所示。

（2）选用原则

通常情况下取值较小,但也不能太小,否则使背向力增大。

6）刀尖角 ε_r

（1）定义与作用

刀尖角是在基面内测量的主切削刃与副切削刃的夹角。影响刀尖强度和散热性。如图 4-21 所示。

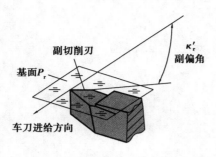

图 4-20　车刀副偏角

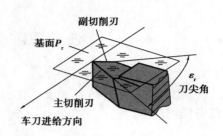

图 4-21　刀尖角

（2）选用原则

刀尖角的大小取决于主偏角和副偏角的大小,三者之和为 180°。

7）刃倾角 λ_s

（1）定义与作用

刃倾角是在主切削平面内测量的主切削刃与基面的夹角。主要影响切屑流向和刀具强度。如图 4-22 所示。

（2）选用原则

①粗加工时,以及在断续、冲击性切削时,为增强刀尖强度,刃倾角应取负值。

②精加工时,为保证已加工表面质量,使切屑流向待加工表面,刃倾角应取正值。

③刃倾角为 0°时,切屑垂直于主切削刃方向流出。

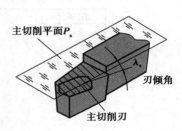

图 4-22　刃倾角

🔨 **技能巩固**

编程与加工如图 4-23 所示。

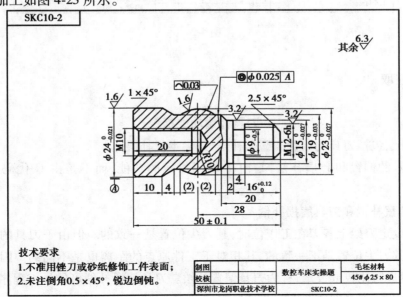

图 4-23

任务四 企业产品(一)

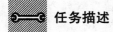 **任务描述**

读懂4-24零件图,能制定出合理的加工工艺,掌握外圆偏刀、切槽(断)刀、外螺纹刀、内孔刀和内螺纹刀等车刀的正确使用,在数控车床上应用 G00、G01、G02、G71、G76 和 M、S、T、F 等指令进行编程,完成零件的加工。

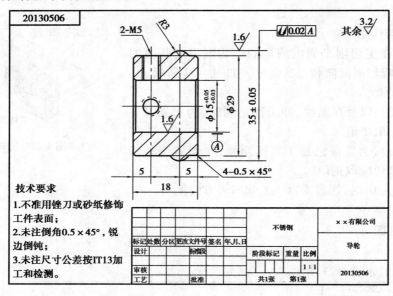

图 4-24

 知识获取

刀具补偿功能指令

刀具的补偿包括刀具的偏置和磨损补偿,刀尖半径补偿。

声明:刀具的偏置和磨损补偿,是由 T 代码指定的功能,而不是由 G 代码规定的准备功能。

1)刀具偏置补偿和刀具磨损补偿

编程时,设定刀架上各刀在工作位时,其刀尖位置是一致的。但由于刀具的几何形状及安装的不同,其刀尖位置是不一致的,其相对于工件原点的距离也是不同的。因此需要将各刀具的位置值进行比较或设定,称为刀具偏置补偿。刀具偏置补偿可使加工程序不随刀尖位置的不同而改变。刀具偏置补偿有两种形式:

其一,绝对补偿形式。见图4-25,绝对刀偏即机床回到机床零点时,工件零点,相对于刀架工作位上各刀刀尖位置的有向距离。当执行刀偏补偿时,各刀以此值设定各自的加工坐标系。故此,虽刀架在机床零点时,各刀由于几何尺寸不一致。各刀刀位点相对工件零点的距离不同,但各自建立的坐标系均与工件坐标系重合。

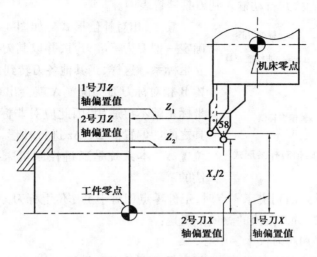

图4-25　刀具偏置的绝对补偿形式

见图4-26,机床到达机床零点时,机床坐标值显示均为零,整个刀架上的点可考虑为一理想点,故当各刀对刀时,机床零点可视为在各刀刀位点上。本系统可通过输入试切直径、长度值,自动计算工件零点相对与各刀刀位点的距离。其步骤如下:

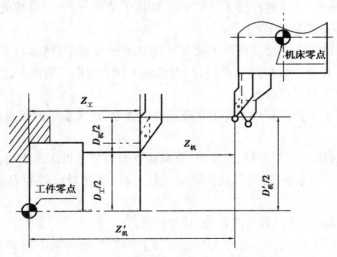

图4-26　刀具偏置的绝对补偿值设定

(1)按下 MDI 子菜单下的"刀具偏置表"功能按键;

(2)用各刀试切工件端面,输入此时刀具在将设立的工件坐标系下的 Z 轴坐标值(测量)。如编程时将工件原点设在工件前端面,即输入 0(设零前不得有 Z 轴位移)。系统源程

165

序通过公式：$Z'_{机} = Z_{机} - Z_{工}$，自动计算出工件原点相对与该刀刀位点的 Z 轴距离。

（3）用同一把刀试切工件外圆，输入此时刀具在将设立的工件坐标系下的 X 轴坐标值，即试切后工件的直径值（设零前不得有 X 轴位移）。系统源程序通过公式：$D'_{机} = D_{机} - D_{工}$，自动计算出工件原点相对与该刀刀位点的 X 轴距离。退出换刀后，用下一把刀重复 2~3 步骤；即可得到各刀绝对刀偏值，并自动输入到刀具偏置表中。

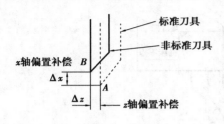

图 4-27　刀具偏置的相对补偿形式

其二，相对补偿形式。如图 4-27 所示，在对刀时，确定一把刀为标准刀具，并以其刀尖位置 A 为依据建立坐标系。这样，当其他各刀转到加工位置时，刀尖位置 B 相对标刀刀尖位置 A 就会出现偏置，原来建立的坐标系就不再适用，因此应对非标刀具相对于标准刀具之间的偏置值 Δx、Δz 进行补偿，使刀尖位置 B 移至位置 A。本系统是通过控制机床拖板的移动实现补偿的。

标刀偏置值为机床回到机床零点时，工件零点相对于工作位上标刀刀位点的有向距离。

如果有对刀仪，相对刀偏值的测量步骤是：

将标刀刀位点移到对刀仪十字中心；

在功能按键主菜单下或 MDI 子菜单下，将刀具当前位置设为相对零点；

退出换刀后，将下一把刀移到对刀仪十字中心，此时显示的相对值，即为该刀相对与标刀的刀偏值。

如果没有对刀仪，相对刀偏值的测量步骤是：

标刀试切工件端面，在功能按键主菜单下或 MDI 子菜单下，将刀具当前 Z 轴位置设为相对零点（设零前不得有 Z 轴位移）；

用标刀试切工件外圆，在功能按键主菜单下或 MDI 子菜单下，将刀具当前 X 轴位置设为相对零点（设零前不得有 X 轴位移），此时，标刀已在工件上切出一基准点，当标刀在基准点位置时，也即在设置的相对零点位置；

退出换刀后，将下一把刀移到工件上基准点的位置上，此时显示的相对值，即为该刀相对与标刀的刀偏值。

本系统还可通过输入试切直径、长度值，自动计算当刀架在机床零点时，工件零点相对与各刀刀位点的距离，并用标刀的值与该值进行比较，得到其相对标刀的刀偏值（见图 4-28）。其步骤是：

①按下 MDI 子菜单下的"刀具偏置表"功能按键。

②用标刀试切工件端面，输入此时刀具在将设立的工件坐标系下的 Z 轴坐标值，即工件长度值。如编程时将工件原点设在工件前端面，即输入 0（设零前不得有 Z 轴位移）。系统源程序通过公式：$Z'_{机} = Z_{机} - Z_{工}$，自动计算出工件零点相对与标刀刀位点的距离，即标刀 Z 轴刀偏值。

③用标刀试切工件外圆，输入此时刀具在将设立的工件坐标系下的 X 轴坐标值，即试切后工件的直径值（设零前不得有 X 轴位移）。

系统源程序通过公式：$D'_机 = D_机 - D_工$ 自动计算出工件零点相对与标刀刀位点的距离，即标刀 Z 轴刀偏值。

④按下"刀具偏置表"子菜单下的"标刀选择"功能按键，设定标刀刀偏值为基准。

⑤退出换刀后，用下一把刀重复 2~3 步骤，即可得各刀相对与标刀刀偏值，并自动输入到刀具偏置表中。

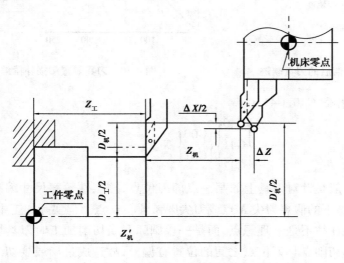

图 4-28　相对刀偏值的设定

刀具使用一段时间后磨损，也会使产品尺寸产生误差，因此需要对其进行补偿。该补偿与刀具偏置补偿存放在同一个寄存器的地址号中，各刀的磨损补偿只对该刀有效（包括标刀）。

刀具的补偿功能由 T 代码指定，其后的 4 位数字分别表示选择的刀具号和刀具偏置补偿号。T 代码的说明如下：

$$\underset{\text{刀具号}}{\text{TXX}} + \underset{\text{刀具补偿号}}{\text{XX}}$$

刀具补偿号是刀具偏置补偿寄存器的地址号，该寄存器存放刀具的 X 轴和 Z 轴偏置补偿值、刀具的 X 轴和 Z 轴磨损补偿值。T 加补偿号表示开始补偿功能。补偿号为 00 表示补偿量为 0，即取消补偿功能。系统对刀具的补偿或取消都是通过拖板的移动来实现的。补偿号可以和刀具号相同，也可以不同，即一把刀具可以对应多个补偿号（值）。

如图 4-29 所示，如果刀具轨迹相对编程轨迹具有 X、Z 方向上补偿值（由 X，Z 方向上的补偿分量构成的矢量称为补偿矢量），那么程序段中的终点位置加或减去由 T 代码指定的补偿量（补偿矢量）即为刀具轨迹段终点位置。

例　如图 4-30，先建立刀具偏置磨损补偿，后取消刀具偏置磨损补偿。

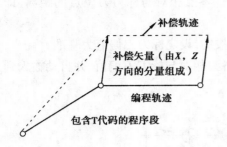

图 4-29 经偏置磨损补偿后的刀具轨迹

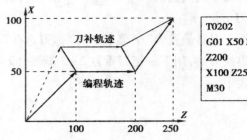

图 4-30 刀具偏置磨损补偿编程

2) 刀尖圆弧半径补偿 G40、G41、G42

格式：
$$\left\{\begin{matrix} G40 \\ G41 \\ G42 \end{matrix}\right\} \left\{\begin{matrix} G00 \\ G01 \end{matrix}\right\} X\_Z\_$$

说明：数控程序一般是针对刀具上的某一点即刀位点，按工件轮廓尺寸编制的。车刀的刀位点一般为理想状态下的假想刀尖 A 点或刀尖圆弧圆心 O 点。但实际加工中的车刀，由于工艺或其他要求，刀尖往往不是一理想点，而是一段圆弧。当切削加工时刀具切削点在刀尖圆弧上变动，造成实际切削点与刀位点之间的位置有偏差，故造成过切或少切。这种由于刀尖不是一理想点而是一段圆弧，造成的加工误差，可用刀尖圆弧半径补偿功能来消除。

刀尖圆弧半径补偿是通过 G41、G42、G40 代码及 T 代码指定的刀尖圆弧半径补偿号，加入或取消半径补偿。

G40：取消刀尖半径补偿；

G41：左刀补（在刀具前进方向左侧补偿），如图 4-31；

G42：右刀补（在刀具前进方向右侧补偿），如图 4-32；

X，Z：G00/G01 的参数，即建立刀补或取消刀补的终点；

注意：G40、G41、G42 都是模态代码，可相互注销。

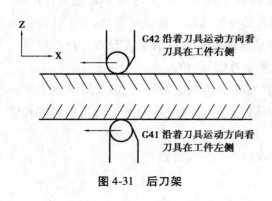

图 4-31 后刀架

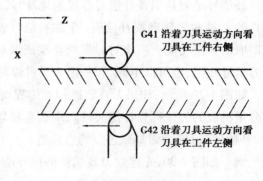

图 4-32 前刀架

注意：

①G41/G42 不带参数，其补偿号（代表所用刀具对应的刀尖半径补偿值）由 T 代码指定。其刀尖圆弧补偿号与刀具偏置补偿号对应。

②刀尖半径补偿的建立与取消只能用 G00 或 G01 指令，不得是 G02 或 G03。

刀尖圆弧半径补偿寄存器中，定义了车刀圆弧半径及刀尖的方向号。

车刀刀尖的方向号定义了刀具刀位点与刀尖圆弧中心的位置关系，其从 0~9 有十个方向，如图 4-33 所示。

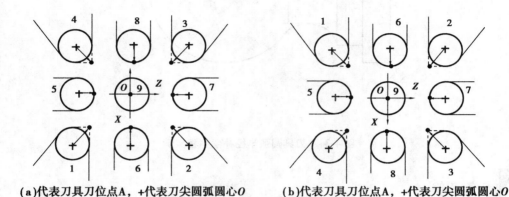

(a)代表刀具刀位点A，+代表刀尖圆弧圆心O　　(b)代表刀具刀位点A，+代表刀尖圆弧圆心O

图 4-33　车刀刀尖位置码定义

例　考虑刀尖半径补偿，编制图 4-34 所示零件的加工程序

%3345

N1 T0101	（换一号刀，确定其坐标系）
N2 M03 S400	（主轴以 400 r/min 正转）
N3 G00 X40 Z5	（到程序起点位置）
N4 G00 X0	（刀具移到工件中心）
N5 G01 G42 Z0 F60	（加入刀具圆弧半径补偿，工进接触工件）
N6 G03 U24 W-24 R15	（加工 R15 圆弧段）
N7 G02 X26 Z-31 R5	（加工 R5 圆弧段）
N8 G01 Z-40	（加工 φ26 外圆）
N9 G00 X30	（退出已加工表面）
N10 G40 X40 Z5	（取消半径补偿，返回程序起点位置）
N11 M30	（主轴停、主程序结束并复位）

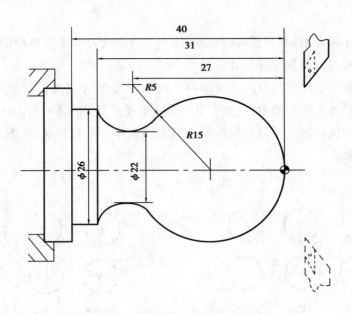

图 4-34　刀具圆弧半径补偿编程实例

 任务实施

一、工量具准备

1) 工具

工具清单

序号	工具名称	参考图片	备　注
1	卡盘扳手		装夹工件后应立即将卡盘扳手取下，以免主轴转动卡盘扳手飞出伤人
2	刀架扳手		使用后放回指定位置
3	垫刀片		垫片尽可能少而平整
4	扳手		

2) 刃具

刃具清单及切削参数

序号	刀具号	刀具类型	刀片规格	加工内容	切削用量		参考图片	备　注
					主轴转速	进给速度		
1	T0101	90°外圆车刀	82°菱形 R0.4	外圆、端面				
2	T0202	93°外圆车刀	35°菱形 R0.4	外圆、端面				
3	T0303	内孔车刀	φ12	内表面				80°菱形 R0.4
4		麻花钻	φ16	钻孔				
5		中心钻	φ2、φ4	中心孔				
6	T0404	切断刀	3 mm	切断				
编制		审核			批准		共1页	第1页

3) 量具

量具清单

序号	量具名称	规　格	精　度	参考图片	备　注
1	游标卡尺	0~150 mm	0.02 mm		
2	外径千分尺	0~25 mm，25~50 mm	0.01 mm		
3	内径千分尺	5~30 mm	0.01 mm		

二、数控加工工序单

加工工序单

图纸编号	学生证号	操作人员	日期	毛坯材料	加工设备编号

序号	工序内容	刀 具			主轴转速/ ($r \cdot min^{-1}$)	进给量/ ($mm \cdot r^{-1}$)	切深/ mm	切削液	备注
		类型	材料	规格					
1									
2									
3									
4									
5									
6									
7									
8									
9									
10									

装夹定位示意图:	说明: 编程原点位置示意图	其他说明:

三、加工程序

加工程序单

项目序号		任务名称		编程原点	
程序号		数控系统		编制人	
程序段号		程序内容		简要说明	

四、零件加工

1)加工准备

①检查毛坯尺寸。

②开机、回参考点、关机。

开机步骤	回参考点注意事项	关机步骤

2)程序输入及程序校验

①先通过机床操作面板将程序输入到数控机床中,然后检验加工程序是否正确。

②碰到的问题有哪些：_____

_____

③装夹工件。

装夹工件的注意事项：_____

_____

④安装刀具。

安装刀具的注意事项：_____

_____

⑤试切对刀、设定刀补。

试切对刀、设定刀补的步骤及注意事项：_____

_____

⑥加工中应如何控制尺寸?

_____

_____

_____

_____

注意事项：

为确保安全操作,自动运行加工程序,建议先采用"单段"方式运行,并将快速倍率调慢至25%,进给倍率减慢到80%,检查刀具偏置正确无误,方可进入自动运行。

考核评价

评分标准表

姓名：_____　　学生证号：_____　　日期：____年____月____日

时间定额：____分钟　　开始时间：____时____分　　结束时间：____时____分

评分人：_____　　得分：_____分

序号	考核项目	考核内容	配分	评分标准	自评 10%	互评 20%	教师评 70%
1	径向尺寸精度	$\phi35\pm0.05$	12	超差 0.005 扣 1 分			
		$\phi15^{+0.05}_{+0.03}$	12	超差 0.01 扣 1 分			
		其他任一径向尺寸	10	超差 0.01 扣 1 分			
2	长度尺寸精度	18	5	超差 0.05 扣 1 分			
		5	5	超差 0.1 扣 1 分			
		5	5	超差 0.1 扣 1 分			
3	圆弧尺寸精度	$R3$	15	样板检测，超差 0.1 扣 1 分			
4	倒角尺寸	任一倒角尺寸	2	常规检测			
5	表面粗糙度	$R_a3.2$ 各处	2	一处达不到扣 2 分			
		$R_a1.6$ 各处	6	一处达不到扣 1 分			
6	形位公差	径向全跳动	10	超差 0.01 扣 1 分			
7	加工工艺和程序编制	加工工艺合理性	3	不合理扣 3 分			
		程序正确完整性	3	不完整扣 2 分			
		刀具选择合理性	3	不合理扣 3 分			
		工件装夹定位合理性	2	不合理扣 2 分			
		切削用量选择合理性	3	不合理扣 3 分			
		切削液使用合理性	2	不合理扣 1 分			

续表

序号	考核项目	考核内容	配分	评分标准	自评 10%	互评 20%	教师评 70%
8	安全文明生产	1.安全正确操作设备 2.工作场地整洁,工件、量具、夹具等器具摆放整齐规范 3.做好事故防范措施,填写交接班记录,并将出现的事故发生原因、过程及处理结果记入运行档案 4. 做好环境保护		每违反一项从总分扣除2分,发生重大事故者取消考试资格并赔偿相应的损失。扣分不超过10分			

说明:此评分标准表只用于学生初次加工此产品时评分。在实际生产中,若关键尺寸(如:$\phi35\pm0.05$、$\phi15^{+0.05}_{+0.03}$、形位公差等)超差,则视为废品。

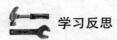 **学习反思**

写一写你在本任务的学习中,掌握了哪些技能,哪些技能还需提升,在加工中需要注意哪些问题?

_____

_____

_____

_____

_____

 **拓展知识**

切削用量

一、切削用量的定义、计算

切削用量是衡量主运动和进给运动大小的参数,也是切削前操作者调整机床的依据。切削用量三要素是:背吃刀量、进给量、切削速度。

1) 背吃刀量 a_p

背吃刀量 a_p 又叫切削深度,是工件上已加工表面和待加工表面之间的垂直距离,单位为mm。如图 4-35、4-36 所示。

车削外圆时背吃刀量 a_p 就是车刀每次进给切入工件的深度,按下式计算:

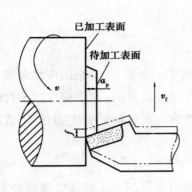

图 4-35 车端面

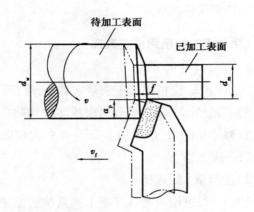

图 4-36 车外圆

$$a_p = \frac{d_w - d_m}{2}$$

式中 d_w——待加工表面直径,mm ;

d_m——已加工表面直径,mm 。

2) 进给量 f

进给量 f 是工件或刀具每转一转或往复一次或刀具每转过一齿时,工件与刀具在进给方向上的相对位移。进给量是衡量进给运动大小的参数。

(1) 车削时,进给量 f 为工件每转一转,车刀沿进给方向移动的距离,单位为 mm/r;刨削(牛头刨床)时,进给量 f 为刨刀每往复一次,工件沿进给方向移动的距离,单位是 mm/str(毫米/双行程)。

(2) 用进给速度 v_f 来衡量进给运动的大小。进给速度 v_f 是单位时间内刀具或工件沿进给方向移动的距离。单位 mm/min。车外圆时,公式如下。

$$v_f = nf$$

式中 n——工件转速,r/min ;

f——进给量,mm/r 。

3) 切削速度 v

切削速度是切削刃上选定点相对于工件的主运动速度,即主运动的线速度。单位为 m/min。切削速度是衡量主运动大小的参数。

当机床上主运动为旋转运动时,切削速度的计算公式如下。

$$v = \frac{\pi d n}{1\,000}$$

式中 n——工件或刀具转速,r/min;

d——工件或刀具选定点的旋转直径(通常取最大直径),mm 。

二、切削用量的选择

1) 粗加工时切削用量的选择

（1）背吃刀量 a_p 的选择

背吃刀量 a_p 应根据加工余量来确定，除留给必要的精加工余量外，其余的应尽可能一次切除完。当余量太大时，应分两次或多次切除。工艺系统刚度较差时，则应相应减小背吃刀量 a_p，以减小切削力，单边加工余量可多次切除。但应把第一次进给的背吃刀量 a_p 选得大些，最后一次选得小些。

（2）进给量 f 的选择

粗加工时，进给量的选择受工艺系统所能承受的切削力的限制。工艺系统刚度较好时，可选用较大的进给量，一般取 $f = 0.3 \sim 0.9$ mm/r。硬质合金及高速钢车刀粗车外圆和端面时的进给量参考值如表 4-1。

表 4-1　硬质合金及高速钢车刀粗车外圆和端面时的进给量参考值

工件材料	刀杆截面尺寸 $B \times H$（mm）	工件直径 d_w（mm）	背吃刀量 a_p（mm）				
			≤3	>3~5	>5~8	>8~12	12 以上
			进给量 f（mm/r）				
碳素结构钢和合金结构钢	16×25	20	0.3~0.4	—	—	—	—
		40	0.4~0.5	0.3~0.4	—	—	—
		60	0.5~0.7	0.4~0.6	0.3~0.5	—	—
		100	0.6~0.9	0.5~0.7	0.5~0.6	0.4~0.5	—
		400	0.8~1.2	0.7~1.0	0.6~0.8	0.5~0.6	—
	20×30 25×25	20	0.3~0.4	—	—	—	—
		40	0.4~0.5	0.3~0.4	—	—	—
		60	0.6~0.7	0.5~0.7	0.4~0.6	—	—
		100	0.8~1.0	0.7~0.9	0.5~0.7	0.4~0.7	—
		600	1.2~1.4	1.0~1.2	0.8~1.0	0.6~0.9	0.4~0.6

（3）切削速度 v 的选择

在 a_p 和 f 确定之后，在保证合理刀具耐用度的前提下，选择合理的切削速度。

2) 精加工时切削用量的选择

（1）切削速度 v

精加工时的 a_p 和 f 较小，可忽略切削力对工艺系统刚度的影响，故切削速度 v 主要受刀具耐用度和已加工表面质量的限制。在保证刀具耐用度的前提下，硬质合金刀具通常应选用较高的切削速度（大于 70 m/min）。而高速钢刀具则应选用较低的切削速度（小于 5 m/min），以尽量减小和避免积屑瘤的产生。

（2）进给量 f

精加工时一般选用较小的进给量。常取 $f=0.08\sim0.30$ mm/r。普通硬质合金外圆车刀精车、半精车时的进给量如表 4-2。

表 4-2　普通硬质合金外圆车刀精车、半精车时的进给量参考值

工件材料	表面粗糙度 $R_a(\mu m)$	切削速度（m/min）	刀尖圆弧半径 r_g（mm）		
			0.5	1.0	2.0
			进给量 f（mm/r）		
铸铁、青铜铝合金	6.3	不限	0.25~0.40	0.40~0.50	0.50~0.60
	3.2		0.15~0.25	0.25~0.40	0.40~0.60
	1.6		0.10~0.15	0.15~0.20	0.20~0.35
碳钢、合金钢	6.3	<50	0.30~0.50	0.45~0.60	0.55~0.70
		>50	0.40~0.55	0.55~0.65	0.65~0.70
	3.2	<50	0.20~0.25	0.25~0.30	0.30~0.40
		>50	0.25~0.30	0.30~0.35	0.35~0.40
	1.6	<50	0.10	0.11~0.15	0.15~0.22
		50~100	0.11~0.16	0.16~0.25	0.25~0.35
		>100	0.16~0.20	0.20~0.25	0.25~0.35

（3）背吃刀量 a_p

精加工时的背吃刀量 a_p 通常由上一工序合理留下，并应于一次进给切除掉。例如：采用硬质合金车刀精车，由于刀具的刃磨性能较差，锋利程度受到限制，a_p 不宜过小，一般应取 0.3~0.5 mm。

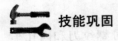 **技能巩固**

编程与加工如图 4-37 所示零件。

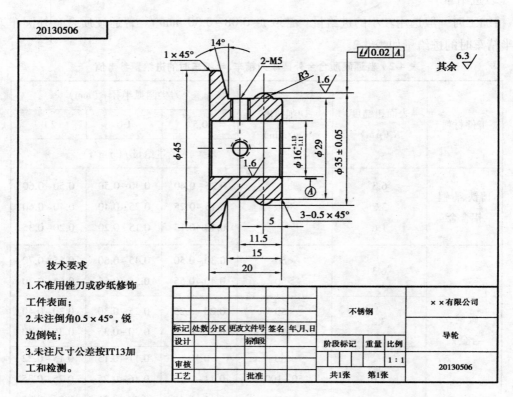

图 4-37

技术要求

1.不准用锉刀或砂纸修饰工件表面；

2.未注倒角0.5×45°，锐边倒钝；

3.未注尺寸公差按IT13加工和检测。

任务五　企业产品(二)

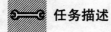 任务描述

读懂4-38零件图,能制订出合理的加工工艺,掌握外圆偏刀、切(断)、外螺纹刀和内孔车刀的正确使用,在数控车床上应用 G00、G01、G02、G71、G76 和 M、S、T、F 等指令进行编程,完成零件的加工。

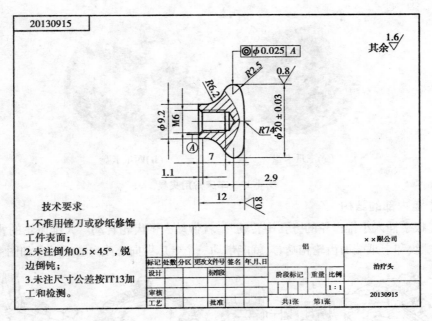

图 4-38

 知识获取

车床常用夹具

一、三爪卡盘的特点（如图 4-39（a））

①三个卡爪均匀分布在卡盘圆周面上，能同时作向心或离心运动，实现对工件的夹紧和松开。

②能自动定心，装夹时一般不用找正，省时省力方便快捷。

③夹紧力较小，适宜装夹中、小型圆柱形，正三边形，正六边形工件。

二、四爪卡盘的特点（如图 4-39（b））

①单动卡盘，四个卡爪沿圆周均匀分布、各自独立运动，不能自动定心。

②夹紧费时费力，夹紧力大。

③适用于装夹大型或形状不规则的工件。

④适于单件、小批量工件。

三、卡爪的装拆

1）卡爪的装拆的意义

①正反卡爪的倒换。（反爪用于装夹大直径工件）

②车床加工使用中，卡爪与端面螺纹结合处会进入铁屑、油污、灰尘等，影响操作者使用。

181

(a)三爪卡盘   (b)四爪卡盘

图 4-39 车床常用夹具

2)三卡盘内部的结构

当卡盘扳手插入小锥齿轮的方孔中转动时,就带动大锥齿轮转动。大锥齿轮的背面是平面螺纹,平面螺纹和卡爪端面齿轮相啮合,就能带动三个卡爪做向心或离心运动。如图 4-40 所示。

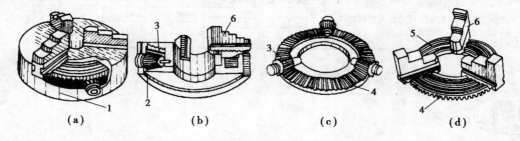

(a)   (b)   (c)   (d)

图 4-40 三爪自定心卡盘

1—卡盘壳体;2—防尘盖板;3—带方孔的小锥齿轮;4—大锥齿轮;5—平面螺纹;6—卡爪

3)卡爪的装拆

①卡爪顺序的区分

如是新卡爪,上面标注有 1、2、3 号。

如果卡爪的编号标记不清楚,可将三个卡爪并列在一起,夹持面向下,比较卡爪上最下扣端面螺纹距底面的距离,距离最小的为 1 号,距离最大的为 3 号。如图 4-41 所示。

②卡爪的装拆

将卡盘扳手的方榫插入卡盘壳体圆柱面上的方孔中,按顺时针方向旋转,带动在大锥齿轮旋转,其背面的平面螺纹的螺扣转到将要接近壳体槽时,将 1 号卡爪装入壳体槽内,其余两个卡爪按 2 号 3 号顺序装入。

装入前,应将卡爪背面螺纹和卡爪侧面槽及卡盘内平面螺纹清理干净。

4)注意事项

①装三个卡爪时,应按顺时针方向进行,在一圈之内三个卡爪全部装上,防止平面螺纹的螺扣转过头。

②装卡爪时,不准开车,以防危险。

图 4-41 卡爪

③装拆卡爪时,注意安全,小心砸脚。

 任务实施

一、工量具准备

1) 工具

工具清单

序号	工具名称	参考图片	备　注
1	卡盘扳手		装夹工件后应立即将卡盘扳手取下,以免主轴转动卡盘扳手飞出伤人
2	刀架扳手		
3	垫刀片		垫片尽可能少而平整
4	扳手		

2) 刃具

刃具清单及切削参数

序号	刀具号	刀具类型	刀片规格	加工内容	切削用量		参考图片	备　注
					主轴转速	进给速度		
1	T0101	90°外圆车刀	80°菱形 $R0.4$	外圆、端面				
2	T0202	93°外圆车刀	35°菱形 $R0.4$	外圆、端面				
3		丝锥	M6	内螺纹				
4		麻花钻	$\phi5$	钻孔				

续表

序号	刀具号	刀具类型	刀片规格	加工内容	切削用量		参考图片	备注
					主轴转速	进给速度		
5		中心钻	$\phi2$、$\phi4$	中心孔				
6	T0404	切断刀	3 mm	切断				
编制			审核		批准		共1页	第1页

3)量具

量具清单

序号	量具名称	规格	精度	参考图片	备注
1	游标卡尺	0~150 mm	0.02 mm		
2	外径千分尺	0~25 mm，25~50 mm	0.01 mm		
3	内径千分尺	5~30 mm	0.01 mm		

二、数控加工工序单

加工工序单

图纸编号	学生证号	操作人员	日期	毛坯材料	加工设备编号

序号	工序内容	刀具			主轴转速/$(r \cdot min^{-1})$	进给量/$(mm \cdot r^{-1})$	切深/mm	切削液	备注
		类型	材料	规格					
1									
2									

续表

序号	工序内容	刀　具			主轴转速/ (r·min⁻¹)	进给量/ (mm·r⁻¹)	切深/ mm	切削液	备注
		类型	材料	规格					
3									
4									
5									
6									
7									
8									
9									
10									

装夹定位示意图：

说明：
编程原点位置示意图

其他说明：

三、加工程序

加工程序单

项目 序号		任务名称		编程 原点	
程序号		数控系统		编制人	
程序 段号		程序内容		简要说明	

四、零件加工

1) 加工准备

①检查毛坯尺寸。

②开机、回参考点、关机。

开机步骤	回参考点注意事项	关机步骤

2) 程序输入及程序校验

①先通过机床操作面板将程序输入到数控机床中,然后检验加工程序是否正确。

②碰到的问题有哪些：_____

_____

③装夹工件。

装夹工件的注意事项：_____

_____

④安装刀具。

安装刀具的注意事项：_____

_____

⑤试切对刀、设定刀补。

试切对刀、设定刀补的步骤及注意事项：_____

_____

⑥加工中应如何控制尺寸?

_____

_____

_____

_____

注意事项：

为确保安全操作，自动运行加工程序，建议先采用"单段"方式运行，并将快速倍率调慢至25%，进给倍率减慢到80%，检查刀具偏置正确无误，方可进入自动运行。

考核评价

评分标准表

姓名：_____ 学生证号：_____ 日期：_____年___月___日

时间定额：_____分钟 开始时间：_____时_____分 结束时间：_____时_____分

评分人：_____ 得分：_____分

序号	考核项目	考核内容	配分	评分标准	自评 10%	互评 20%	教师评 70%
1	径向尺寸精度	$\phi20\pm0.03$	12	超差 0.005 扣 1 分			
		$\phi9.2$	12	超差 0.01 扣 1 分			
		其他任一径向尺寸	10	超差 0.01 扣 1 分			
2	长度尺寸精度	12	5	超差 0.05 扣 1 分			
		7	5	超差 0.1 扣 1 分			
		2.9	5	超差 0.1 扣 1 分			
3	圆弧尺寸精度	$R2.5$、$R6.2$、$R74$	10	样板检测，超差 0.1 扣 1 分			
4	倒角尺寸	任一倒角尺寸	2	常规检测			
5	表面粗糙度	$R_a3.2$ 各处	2	一处达不到扣 2 分			
		$R_a1.6$ 各处	6	一处达不到扣 1 分			
6	形位公差	同轴度	5	超差 0.01 扣 1 分			
7	内螺纹	M6	10	不合格不得分			
8	加工工艺和程序编制	加工工艺合理性	3	不合理扣 3 分			
		程序正确完整性	3	不完整扣 2 分			
		刀具选择合理性	3	不合理扣 3 分			
		工件装夹定位合理性	2	不合理扣 2 分			
		切削用量选择合理性	3	不合理扣 3 分			
		切削液使用合理性	2	不合理扣 1 分			

续表

序号	考核项目	考核内容	配分	评分标准	自评10%	互评20%	教师评70%
9	安全文明生产	1.安全正确操作设备。 2.工作场地整洁,工件、量具、夹具等器具摆放整齐规范。 3.做好事故防范措施,填写交接班记录,并将出现的事故发生原因、过程及处理结果记入运行档案。 4. 做好环境保护。		每违反一项从总分扣除2分,发生重大事故者取消考试资格并赔偿相应的损失。扣分不超过10分。			

说明:此评分标准表只用于学生初次加工此产品时评分。在实际生产中,若关键尺寸(如:φ20±0.03、M6、形位公差等)超差,则视为废品。

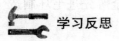

学习反思

写一写你在本任务的学习中,掌握了哪些技能,哪些技能还需提升,在加工中需要注意哪些问题?

_____

_____

_____

_____

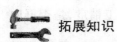

拓展知识

一、套类零件的加工工艺特点及毛坯选择

1) 套类零件的工艺特点

套类零件在机器中主要起支承和导向作用,一般主要有较高同轴度要求的内外表面组成。一般套类零件的主要技术要求:

①内孔及外圆的尺寸精度、表面粗糙度及圆度要求。

②内外圆之间的同轴度要求。

③孔轴线与端面的垂直度要求。

薄壁套类零件壁厚很薄,径向刚度很弱,在加工过程中受切削力、切削热及夹紧力等因数的影响极易变形。装夹时,必须采取相应的预防纠正措施,以免加工时引起工件变形;或因装夹变形加工后变形恢复,造成已加工表面变形,加工精度达不到零件图样技术要求。

2)加工套类零件的加工工艺原则

①粗、精加工应分开进行。

②尽量采用轴向压紧,如果采用径向夹紧时,应使径向夹紧力分布均匀。

③热处理工序应安排在粗、精加工之间进行。

④中小型套类零件的内外圆表面及端面应尽量在一次安装中加工出来。

⑤在安排孔和外圆加工顺序时,应尽量采用先加工内孔,然后以内孔定位加工外圆的加工顺序。

⑥车削薄壁套类零件时,车削刀具应选择较大的主偏角,以减小背向力,防止加工工件变形。

3)毛坯选择

套类零件的毛坯主要根据零件材料、形状结构、尺寸大小及生产批量进行选择。孔径较小时,可选棒料,也可采用实心铸件。孔径较大时,可选用带预制孔的铸件或锻件。壁厚较小且较均匀时,还可选用管料。当生产批量较大时,还可采用挤压和粉末冶金等先进毛坯制造工艺,可在毛坯精度提高的基础上提高生产率,节约用材。

二、套类零件的定位与装夹

1)套类零件定位基准的选择

套类零件的主要定位基准为内外圆中心。外圆表面与内孔中心有较高的同轴度要求时,加工中常互为基准反复装夹加工,以保证零件图样技术要求。

2)套类零件的装夹方案

(1)套类零件的壁厚较大,以外圆定位

可直接采用三爪自定心卡盘装夹。外圆轴向尺寸较小时,可与已加工过的端面组合定位装夹,如采用反爪装夹。工件较长时可加顶尖装夹,再根据工件长度判断加工精度,是否再加中心架或跟刀架,采用"一夹一顶一托"装夹。

(2)套类零件以内孔定位

可采用心轴装夹。当零件的内、外圆同轴度要求较高时,可采用小锥度心轴装夹。当工件较长时,在两端孔口各加工出一小段60°锥面,用两个圆锥对顶定位装夹。

(3)当套类零件薄壁较小时,也即薄壁套类零件,可采用轴向装夹、刚性开缝套筒装夹和圆弧软爪等方法。

①轴向装夹法

轴向装夹法也就是将薄壁套类零件由径向夹紧改为轴向夹紧。如图 4-42 所示。

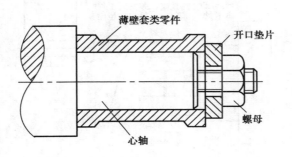

图 4-42　工件轴向夹紧示意图

②刚性开缝套筒装夹法

薄壁套类零件采用三爪自定心卡盘装夹,零件只受到三爪的夹紧力,夹紧接触面积小,夹紧力不均衡,容易使零件发生变形。如采用刚性开缝套筒装夹,夹紧接触面积大,夹紧力较均衡,不容易使零件发生变形。如图 4-43、图 4-44 所示。

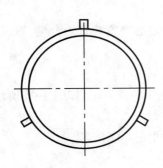

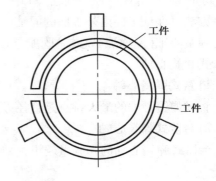

图 4-43　三爪自定心卡盘装夹示意图　　　　图 4-44　刚性开缝套筒装夹示意图

③圆弧软爪装夹法

当被加工薄壁套类零件以三爪自定心卡盘外圆定位装夹时,采用内圆弧软爪装夹定位工件方法。当被加工薄壁套类零件以内孔(圆)定位装夹时,可采用外圆弧软爪装夹,在数控车床上装刀根据加工工件内孔大小配车。

加工软爪时要注意软爪应与加工时相同的夹紧状态下进行车削。车削软爪外定心表面时,要在靠卡盘处夹适当的圆盘料,以消除卡盘端面螺纹的间隙。配车加工的三外圆弧软爪所形成的外圆弧直径大小应比用来定心装夹的工件内孔直径要大一点。套类零件的尺寸较小时,尽量在一次装夹下加工出较多表面,即减小装夹次数及装夹误差,又容易获得较高的形位精度。如图 4-45 所示。

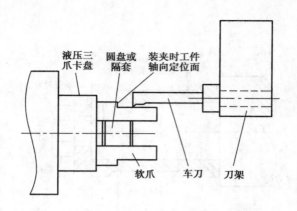

图 4-45　数控车床配车外圆弧软爪示意图

三、加工套类零件的常用夹具

加工中小型套类零件的常用夹具:手动三爪自定心卡盘、液压三爪自定心卡盘、心轴、弹簧心轴。加工中大型套类零件的常用夹具有:四爪单动卡盘、花盘。当工件用已加工过的孔作为定位基准,并能保证外圆轴线和内孔轴线的同轴度要求时,常采用弹簧心轴装夹。这种装夹方法可保证工件内外表面的同轴度,适合用于批量生产。

弹簧心轴(又称涨心心轴)既能定心,又能夹紧,是一种定心夹紧装置。分类:直式弹簧和台阶式弹簧心轴。

1)直式弹簧心轴

直式弹簧心轴的最大特点是直径方向上膨胀较大,可达 1.5~5 mm。如图 4-46 所示。

2)台阶式弹簧心轴

台阶式弹簧心轴的膨胀量较小,一般为 1.0~2.0 mm。如图 4-47 所示。

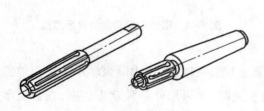

图 4-46　直式弹簧心轴

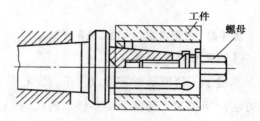

图 4-47　台阶式弹簧心轴

技能巩固

编程与加工如图 4-48 所示。

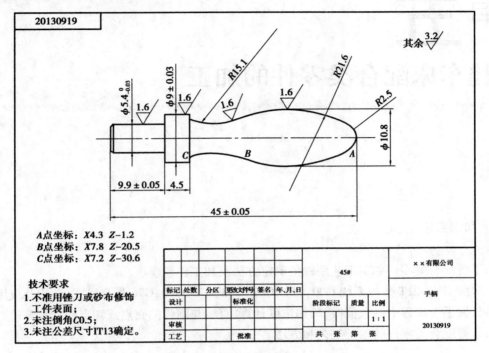

A点坐标：X4.3 Z−1.2
B点坐标：X7.8 Z−20.5
C点坐标：X7.2 Z−30.6

技术要求
1.不准用锉刀或砂布修饰
　工件表面；
2.未注倒角C0.5；
3.未注公差尺寸IT13确定。

标记	处数	分区	更改文件号	签名	年、月、日		45#			××有限公司
设计			标准化				阶段标记	质量	比例	手柄
审核									1:1	
工艺			批准				共 张 第 张			20130919

图 4-48 手柄

项目 **五**

数控车床配合类零件的加工

 知识目标

1.了解配合类零件加工工艺路线的确定方法及加工注意事项。

2.掌握 HNC-21T 数控系统 G00、G01、G02、G03、G71、G80、G76 指令格式、功能及应用。

3.掌握手工编程中的数值换算,如锥度计算、直线与圆弧的交点或切点的计算等。

4.掌握配合类零件的加工工艺和方法。

 能力目标

1.会用 G00、G01、G02、G03、G71、G80、G76 指令编制配合类零件的加工程序。

2.能进行配合类工件程序的调试与加工操作。

3.能独立加工完成图示零件。

 情感态度价值观目标

1.通过观看相关图片、动画、视频和车间实操,激发学生对数控车床加工技术的学习兴趣。

2.形成讨论学习小组,培养学生的交流意识与团队协作精神。

3.变被动的接受式学习为主动的探究式学习。使学生学习的过程成为发现问题、提出问题、分析问题、解决问题的过程。

4.培养学生的环保意识、质量意识。

任务一　内外锥零件的配合件加工

任务描述

制定合理的加工工艺,选用合理的工、量、刀具,给定合理的切削用量,加工如图 5-1 所示零件。毛坯尺寸为 $\phi45\times83$,材料 45#。

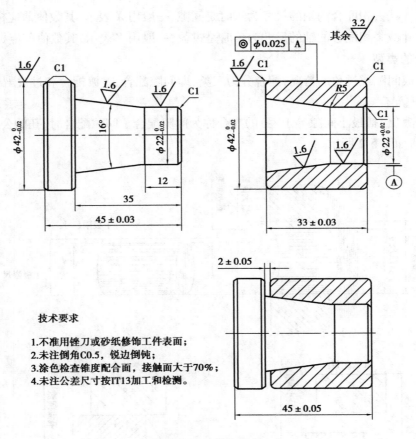

技术要求

1.不准用锉刀或砂纸修饰工件表面;
2.未注倒角C0.5，锐边倒钝;
3.涂色检查锥度配合面，接触面大于70%;
4.未注公差尺寸按IT13加工和检测。

图 5-1　内外锥配合件

知识获取

一、配合的相关知识

1）配合

公称尺寸相同的,相互结合的孔和轴公差带之间的关系称为配合。

相互配合的孔和轴其公称尺寸应该是相同的。孔、轴公差带之间的不同关系,决定了孔、轴结合的松紧程度,也就是决定了孔、轴的配合性质。

2）间隙与过盈

孔的尺寸减去相配合的轴的尺寸为正时是间隙,一般用 X 表示,其数值前应标"+"号;

孔的尺寸减去相配合的轴的尺寸为负时是过盈,一般用 Y 表示,其数值前应标"−"号。

3）配合的类型

根据形成间隙或过盈的情况,配合分为三类,即间隙配合、过渡配合和过盈配合。

（1）间隙配合

具有间隙（包括最小间隙等于零）的配合称为间隙配合。间隙配合时,孔的公差带在轴的公差带之上,如图 5-2 所示。

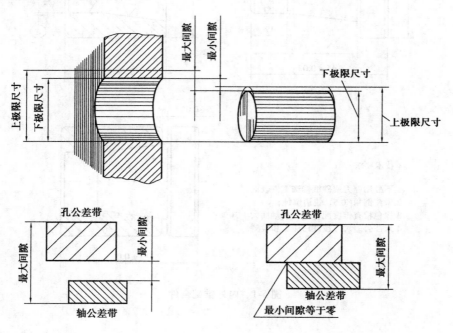

图 5-2　间隙配合的孔、轴公差带

最大间隙:孔为上极限尺寸而与其相配的轴为下极限尺寸时,配合处于最松状态。

$$X_{\max} = D_{\max} - d_{\min} = ES - ei$$

最小间隙:孔为下极限尺寸而与其相配的轴为上极限尺寸,配合处于最紧状态。

$$X_{\min} = D_{\min} - d_{\max} = \mathrm{EI} - \mathrm{es}$$

(2)过盈配合

具有过盈(包括最小过盈等于零)的配合称为过盈配合。过盈配合时,孔的公差带在轴的公差带之下,如图 5-3 所示。

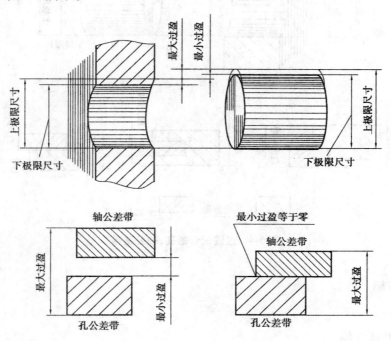

图 5-3 过盈配合的孔、轴公差带

最大过盈:孔为下极限尺寸而与其相配的轴为上极限尺寸,配合处于最紧状态。

$$Y_{\max} = D_{\min} - d_{\max} = \mathrm{EI} - \mathrm{es}$$

最小过盈:孔为上极限尺寸而与其相配的轴为下极限尺寸,配合处于最松状态。

$$Y_{\min} = D_{\max} - d_{\min} = \mathrm{ES} - \mathrm{ei}$$

(3)过渡配合

可能具有间隙或过盈的配合称为过渡配合。过渡配合时,孔的公差带与轴的公差带相互交叠,如图 5-4 所示。

最大间隙:孔的尺寸大于轴的尺寸时,具有间隙。当孔为上极限尺寸,而轴为下极限尺寸时,配合处于最松状态。

$$X_{\max} = D_{\max} - d_{\min} = \mathrm{ES} - \mathrm{ei}$$

最大过盈:孔的尺寸小于轴的尺寸时,具有过盈。当孔为下极限尺寸,而轴为上极限尺寸时,配合处于最紧状态。

$$Y_{\max} = D_{\min} - d_{\max} = \mathrm{EI} - \mathrm{es}$$

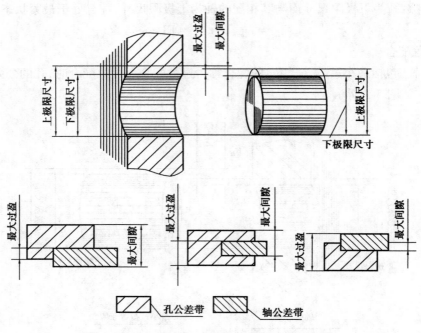

图 5-4　过渡配合的孔、轴公差带

 **任务实施**

一、工量刃具准备

1）工具

工具清单

序号	工具名称	参考图片	备　注
1	卡盘扳手		装夹工件后应立即将卡盘扳手取下，以免主轴转动卡盘扳手飞出伤人
2	刀架扳手		使用后放回指定位置
3	刀具垫片		垫片尽可能少而平整

2）刃具

刃具清单及切削参数

序号	刀具号	刀具类型	刀片规格	加工内容	切削用量		参考图片	备注
					主轴转速	进给速度		
1	T0101	90°外圆车刀	80°菱形R0.4	外圆、端面				
2	T0202	切槽车刀		沟槽				
3	T0303	内孔车刀		内表面				
4		麻花钻						
编制		审核		批准			共1页	第1页

3）量具

量具清单

序号	量具名称	规格	精度	参考图片	备注
1	游标卡尺	0～150 mm	0.02 mm		
2	外径千分尺	25～50 mm	0.01 mm		
3	内径千分尺	25～50 mm	0.01 mm		
4	塞尺	0.02～1 mm			
5	钢直尺	0～320 mm			

二、数控加工工序单

加工工序单

图纸编号	学生证号	操作人员	日期	毛坯材料	加工设备编号

序号	工序内容	刀具			主轴转速/ (r·min⁻¹)	进给量/ (mm·r⁻¹)	切深/ mm	切削液	备注
		类型	材料	规格					
1									
2									
3									
4									
5									
6									
7									
8									
9									
10									

装夹定位示意图：

说明：
编程原点位置示意图

其他说明：

三、加工程序

加工程序单

项目序号		任务名称		编程原点	
程序号		数控系统		编制人	
程序段号		程序内容		简要说明	

四、零件加工

1) 加工准备

①检查毛坯尺寸。

②开机、回参考点、关机。

开机步骤	回参考点注意事项	关机步骤

2) 程序输入及程序校验

①先通过机床操作面板将程序输入到数控机床中,然后检验加工程序是否正确。

②碰到的问题有哪些:_____

_____

③装夹工件。

装夹工件的注意事项:_____

_____

④安装刀具。

安装刀具的注意事项:_____

_____

⑤试切对刀、设定刀补。

试切对刀、设定刀补的步骤及注意事项:_____

⑥加工中应如何控制尺寸?

_____

_____

_____

_____

注意事项:

为确保安全操作,自动运行加工程序,建议先采用"单段"方式运行,并将快速倍率调慢至25%,进给倍率减慢到80%,检查刀具偏置正确无误,方可进入自动运行。

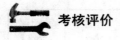 考核评价

评分标准表

姓名：＿＿＿＿＿＿ 学生证号：＿＿＿＿＿＿＿＿ 日期：＿＿＿年＿＿月＿＿日

时间定额：＿＿＿分钟 开始时间：＿＿＿时＿＿＿分 结束时间：＿＿＿时＿＿＿分

评分人：＿＿＿＿＿ 得分：＿＿＿＿＿分

序号	考核项目	考核内容	配分	评分标准	自评 10%	互评 20%	教师评 70%
1	径向尺寸精度	$\phi 42^{0}_{-0.02}$(2 处)	12	超差 0.01 扣 2 分			
		$\phi 22^{0}_{-0.02}$	6	超差 0.01 扣 2 分			
		$\phi 22^{+0.02}_{0}$	6	超差 0.01 扣 2 分			
2	长度尺寸精度	45±0.03	6	超差 0.01 扣 2 分			
		33±0.03	6	超差 0.01 扣 2 分			
		45±0.05	6	超差 0.01 扣 2 分			
		其他任一长度尺寸	3	超差 0.1 扣 1 分			
3	锥度尺寸精度	16°	6	不合格不得分			
4	倒角尺寸	C1(6 处)	3	常规检测			
5	表面粗糙度	$R_a1.6$(6 处)	12	一处达不到扣 2 分			
		$R_a3.2$(5 处)	2.5	一处达不到扣 0.5 分			
6	形位公差	同轴度 0.025	5.5	超差 0.01 扣 2 分			
7	配合面	锥度接触面	10	不达标不得分			
8	加工工艺和程序编制	加工工艺合理性	3	不合理扣 2 分			
		程序正确完整性	3	不正确扣 3 分			
		刀具选择合理性	3	不合理扣 2 分			
		工件装夹定位合理性	2	不合理扣 1 分			
		切削用量选择合理性	3	不合理扣 1 分			
		切削液使用合理性	2	不合理扣 1 分			

续表

序号	考核项目	考核内容	配分	评分标准	自评10%	互评20%	教师评70%
9	安全文明生产	1.安全正确操作设备 2.工作场地整洁,工件、量具、夹具等器具摆放整齐规范 3.做好事故防范措施,填写交接班记录,并将出现的事故发生原因、过程及处理结果记入运行档案 4.做好环境保护		每违反一项从总分扣除2分,发生重大事故者取消考试资格并赔偿相应的损失。扣分不超过10分			

学习反思

写一写你在本任务的学习中,掌握了哪些技能,哪些技能还需提升,在加工中需要注意哪些问题?

_____

_____

_____

_____

拓展知识

塞尺的测量方法

塞尺又称厚薄规或间隙片。主要用来检验机床特别紧固面和紧固面、活塞与汽缸、活塞环槽和活塞环、十字头滑板和导板、进排气阀顶端和摇臂、齿轮啮合间隙等两个结合面之间的间隙大小。塞尺是由许多层厚薄不一的薄钢片组成(图5-5)按照塞尺的组别制成一把一把的塞尺,每把塞尺中的每片具有两个平行的测量平面,且都有厚度标记,以供组合使用。

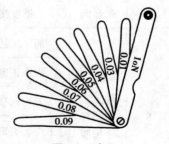

图5-5 塞尺

测量时,根据结合面间隙的大小,用一片或数片重迭在一起塞进间隙内。例如用0.03 mm的一片能插入间隙,而0.04 mm的一片不能插入间隙,这说明间隙在0.03~0.04 mm,所以塞尺也是一种界限量规。塞尺的规格见表5-1。

使用塞尺时必须注意下列几点：

根据结合面的间隙情况选用塞尺片数，但片数越少越好；

测量时不能用力太大，以免塞尺遭受弯曲和折断；

不能测量温度较高的工件。

表 5-1　塞尺的规格

A 型	B 型	塞尺片长度/mm	片数	塞尺的厚度及组装顺序
组别标记				
75A13	75B13	75	13	0.02；0.02；0.03；0.03；0.04；0.04；0.05；0.05；0.06；0.07；0.08；0.09；0.10
100A13	100B13	100		
150A13	150B13	150		
200A13	200B13	200		
300A13	300B13	300		
75A14	75B14	75	14	1.00；0.05；0.06；0.07；0.08；0.09；0.19；0.15；0.20；0.25；0.30；0.40；0.50；0.75
100A14	100B14	100		
150A14	150B14	150		
200A14	200B14	200		
300A14	300B14	300		
75A17	75B17	75	17	0.50；0.02；0.03；0.04；0.05；0.06；0.07；0.08；0.09；0.10；0.15；0.20；0.25；0.30；0.35；0.40；0.45
100A17	100B17	100		
150A17	150B17	150		
200A17	200B17	200		
300A17	300B17	300		

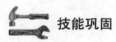

技能巩固

加工如图 5-6 所示零件。毛坯尺寸为 $\phi20\times60$、$\phi30\times35$，材料 45#。

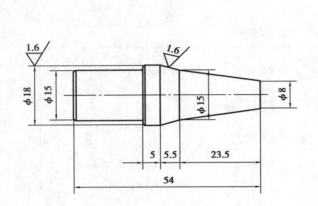

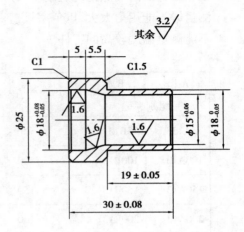

技术要求

1.不准用锉刀或砂纸修饰工件表面;
2.未注倒角C0.5,锐边倒钝;
3.涂色检查锥度配合面,接触面大于70%;
4.未注公差尺寸按IT13加工和检测。

图 5-6 内外锥配合零件

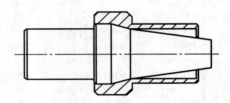

任务二   内外螺纹零件的配合件加工

  任务描述

制定合理的加工工艺,选用合理的工、量、刀具,给定合理的切削用量,加工如图 5-7 所示零件。毛坯尺寸为 φ50×88,材料 45#。

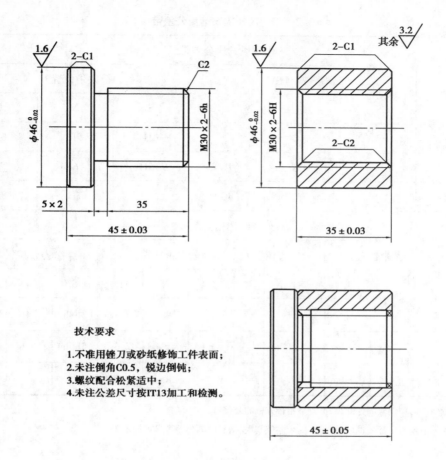

技术要求
1.不准用锉刀或砂纸修饰工件表面；
2.未注倒角C0.5，锐边倒钝；
3.螺纹配合松紧适中；
4.未注公差尺寸按IT13加工和检测。

图5-7　内外螺纹配合件

 **知识获取**

螺纹的选用公差带与配合

由 GB/T 197—2003 提供的各个公差等级的公差和基本偏差,可以组成内、外螺纹的各种公差带。螺纹公差带代号同样由表示公差等级的数字和表示基本偏差的字母组成,与光滑圆柱形工件的公差带代号的区别在于,其公差等级数字在前,基本偏差字母在后,如 6H,6g 等。

在生产中,如果全部使用上述各种公差带,将给量具、刃具的生产、供应及螺纹的加工和管理造成很多困难。为了减少量具、刃具的规格和数量,标准推荐了一些常用公差带作为选用公差带,并在其中给出了"优先""其次"和"尽可能不用"的选用顺序,见表5-2。

表 5-2　内外螺纹选用公差带

内螺纹选用公差带						
精度	公差带位置 G			公差带位置 H		
	S	N	L	S	N	L
精密				4H	5H	6H
中等	(5G)	*6G	(7G)	*5H	*6H*	*7H
粗糙		(7g)	(8G)		7H	8H

外螺纹选用公差带												
精度	公差带位置 e			公差带位置 f			公差带位置 g			公差带位置 h		
	S	N	L	S	N	L	S	N	L	S	N	L
精密								(4g)	(5g4g)	(3h4h)	*4h	(5h4h)
中等		*6e	(7e8e)		*6f		(5g6g)	*6g*	(7g6g)	(5h6h)	*6h	(7h6h)
粗糙		(8e)	(9e8e)					8g	(9g8g)			

注:①大量生产的精制坚固件螺纹,推荐采用带方框的公差带;

　②带 * 的公差带应优先选用,不带 * 的公差带其次,括号内的公差带尽可能不用。

从表中可以看出,对内、外螺纹,按精密、中等、粗糙三个精度等级列出了 S 组、N 组、L 组三种旋合长度下的选用公差带。表中只有一种公差带代号的,表示中径公差带和顶径(即外螺纹大经 d 和内螺纹小径 D_1)公差带相同;有两种公差带代号的,前者表示中径公差带,后者表示顶径公差带。

选用时,通常可按以下原则考虑:

精密级:用于精密螺纹,当要求配合性质变动较小时选用。

中等级:应用于一般用途。

粗糙级:对精度要求不高或制造比较困难时选用。

从理论上讲,内外螺纹的公差带可以任意组合,但为了保证有足够的接触高度,完工后的螺纹最好组成 H/h、H/g 或 G/h 的配合。一般常用 H/h 配合(最小间隙为零),H/g、G/h 配合常用于要求易拆装或高温下工作的螺纹。

任务实施

一、工量刃具准备

1）工具

工具清单

序号	工具名称	参考图片	备　注
1	卡盘扳手		装夹工件后应立即将卡盘扳手取下，以免主轴转动卡盘扳手飞出伤人
2	刀架扳手		使用后放回指定位置
3	刀具垫片		垫片尽可能少而平整
4	铜皮		保护已加工表面

2）刃具

刃具清单及切削参数

序号	刀具号	刀具类型	刀片规格	加工内容	切削用量		参考图片	备　注
					主轴转速	进给速度		
1	T0101	90°外圆车刀	80°菱形 R0.4	外圆、端面				
2	T0202	93°外圆车刀	35°菱形 R0.4	外圆、端面				技能巩固必用
3	T0303	外螺纹车刀	刀尖60°	螺纹				
4	T0404	内孔车刀	80°菱形 R0.4	内表面				

续表

序号	刀具号	刀具类型	刀片规格	加工内容	切削用量		参考图片	备 注
					主轴转速	进给速度		
5	T0404	内螺纹车刀	刀尖60°	螺纹				
6		麻花钻		钻孔				
7		切断刀	3 mm	切槽、切断				
编制		审核		批准			共1页	第1页

3) 量具

量具清单

序号	量具名称	规 格	精 度	参考图片	备 注
1	游标卡尺	0~150 mm	0.02 mm		
2	外径千分尺	25~50 mm	0.01 mm		
3	内径千分尺	25~50 mm	0.01 mm		
4	钢直尺	0~320 mm	1 mm		

二、数控加工工序单

加工工序单

图纸编号	学生证号	操作人员	日期	毛坯材料	加工设备编号

序号	工序内容	刀具			主轴转速/$(r \cdot min^{-1})$	进给量/$(mm \cdot r^{-1})$	切深/mm	切削液	备注
		类型	材料	规格					
1									
2									
3									
4									
5									
6									
7									
8									
9									
10									

装夹定位示意图:	说明: 编程原点位置示意图	其他说明:

三、加工程序

加工程序单

项目序号		任务名称		编程原点	
程序号		数控系统		编制人	
程序段号	程序内容			简要说明	

四、零件加工

1) 加工准备

①检查毛坯尺寸。

②开机、回参考点、关机。

开机步骤	回参考点注意事项	关机步骤

2) 程序输入及程序校验

①先通过机床操作面板将程序输入到数控机床中,然后检验加工程序是否正确。

②碰到的问题有哪些：_____

_____

③装夹工件。

装夹工件的注意事项：_____

_____

④安装刀具。

安装刀具的注意事项：_____

_____

⑤试切对刀、设定刀补。

试切对刀、设定刀补的步骤及注意事项：_____

_____

⑥加工中应如何控制尺寸?

_____

_____

_____

_____

注意事项：

为确保安全操作,自动运行加工程序,建议先采用"单段"方式运行,并将快速倍率调慢至25%,进给倍率减慢到80%,检查刀具偏置正确无误,方可进入自动运行。

考核评价

评分标准表

姓名：_____　　学生证号：_____　　日期：____年____月____日

时间定额：____分钟　　开始时间：____时____分　　结束时间：____时____分

评分人：_____　　得分：_____分

序号	考核项目	考核内容	配分	评分标准	自评10%	互评20%	教师评70%
1	径向尺寸精度	$\phi46_{-0.02}^{0}$(2处)	12	超差0.01扣2分			
2	长度尺寸精度	45±0.03	8	超差0.01扣2分			
		35±0.03	8	超差0.01扣2分			
		45±0.05	8	超差0.01扣2分			
		其他任一长度尺寸	3	超差0.1扣1分			
3	退刀槽	5×2	4	不合格不得分			
4	螺纹尺寸精度	M30×2(内外各一处)	12	环规、塞规检测,不合格不得分			
5	倒角尺寸	C1(4处)、C2(3处)	4	常规检测			
6	表面粗糙度	R_a1.6(2处)	12	一处达不到扣2分			
		R_a3.2(6处)	3	一处达不到扣0.5分			
7	配合	内外螺纹配合	10	不达标不得分			
8	加工工艺和程序编制	加工工艺合理性	3	不合理扣2分			
		程序正确完整性	3	不正确扣3分			
		刀具选择合理性	3	不合理扣2分			
		工件装夹定位合理性	2	不合理扣1分			
		切削用量选择合理性	3	不合理扣1分			
		切削液使用合理性	2	不合理扣1分			

214

序号	考核项目	考核内容	配分	评分标准	自评 10%	互评 20%	教师评 70%
9	安全文明生产	1.安全正确操作设备 2.工作场地整洁,工件、量具、夹具等器具摆放整齐规范 3.做好事故防范措施,填写交接班记录,并将出现的事故发生原因、过程及处理结果记入运行档案 4.做好环境保护		每违反一项从总分扣除 2分,发生重大事故者取消考试资格并赔偿相应的损失。扣分不超过 10 分			

学习反思

写一写你在本任务的学习中,掌握了哪些技能,哪些技能还需提升,在加工中需要注意哪些问题?

_____

_____

_____

_____

拓展知识

百分表

一、百分表的结构

百分表是应用较广的一种机械式量仪,其结构如图5-8所示。

二、百分表的分度原理

百分表的测量杆移动 1 mm,通过齿轮传动系统使大指针回转一周。刻度盘沿圆周刻有 100 个刻度,当指针转过 1 格时,表示所测量的尺寸变化为 1/100＝0.01 mm,所以百分表的分度值为 0.01 mm。

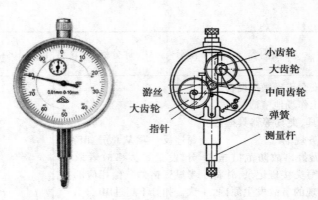

图 5-8　百分表

三、使用百分表时的注意事项

（1）测量前应检查表盘玻璃是否破裂或脱落，测量头、测量杆、套筒等是否有碰伤或锈蚀，指针松动现象，指针的转动是否平稳等。

（2）测量时应使测量杆垂直零件被测表面，如图 5-9（a）所示。测量圆柱面的直径时，测量杆的中心线要通过被测圆柱面的轴线。如图 5-9（b）所示。

（3）测量头开始与被测表面接触时，测量杆就应压缩 0.3～1 mm，以保持一定的初始测量力。

（4）测量时应轻提测量杆，移动工件至测量头下面（或将测量头移至工件上），再缓慢放下与被测表面接触。不能急骤放下测量杆，否则易造成测量误差。不准将工件强行推入至测量头下，以免损坏量仪。如图 5-9（c）所示。

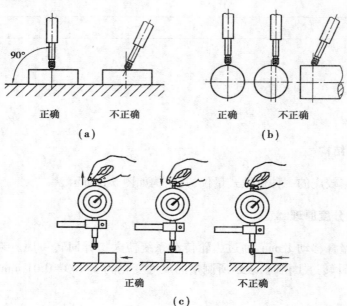

图 5-9　百分表的使用

技能巩固

编程与加工如图 5-10 所示。

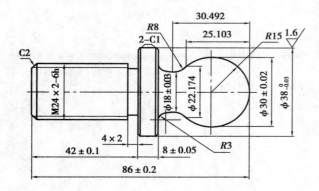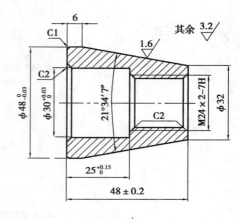

技术要求

1.不准用锉刀或砂纸修饰工件表面；
2.未注倒角C0.5，锐边倒钝；
3.螺纹配合松紧适中；
4.未注公差尺寸按IT13加工和检测。

图 5-10 支顶零件

附　录

附录一　GSK980TA(广州数控)系统的操作

一、数控系统操作面板

CRT 及键盘

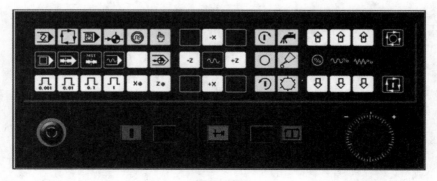

操作面板

二、状态指示灯

	X、Z 向回零结束指示灯		机床锁住指示灯
	快速指示灯		辅助功能锁住指示灯
	单段运行指示灯		空运行指示灯

三、编辑键盘

按　键	名　称	功能说明
	复位键	系统复位,进给、输出停止等
	地址键 EOB 键	地址输入 (双地址键,反复按键,在两者间切换) 程序段结束符的输入
	数字、负号、 小数点键	数字、负号、小数点的输入
	输入键	参数、补偿量等数据输入的确定,启动通信输入

续表

按　键	名　称	功能说明
输出 OUT	输出键	启动通信输出
存盘 STO	存盘键	程序、参数、刀补数据保存到电子盘
转换 CHG	转换键	信息、显示的切换
取消 CAN	取消键	清除输入行中的内容
插入 INS　修改 ALT　删除 DEL	编辑键	编程时程序、字段等的插入、修改、删除
⇩ ⇧	光标移动键	控制光标移动
▤ ▤	翻页键	同一显示界面下页面的切换

四、显示菜单、显示界面及页面层次结构图

系统有位置界面、程序界面等 9 个界面，每个界面下有多个显示页面。

显示菜单键切换显示界面，翻页键切换显示页面，各界面、页面操作方式独立。

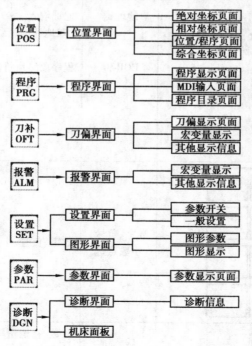

位置 POS → 位置界面 → 绝对坐标页面 / 相对坐标页面 / 位置/程序页面 / 综合坐标页面

程序 PRG → 程序界面 → 程序显示页面 / MDI输入页面 / 程序目录页面

刀补 OFT → 刀偏界面 → 刀偏显示页面 / 宏变量显示 / 其他显示信息

报警 ALM → 报警界面 → 宏变量显示 / 其他显示信息

设置 SET → 设置界面 → 参数开关 / 一般设置；图形界面 → 图形参数 / 图形显示

参数 PAR → 参数界面 → 参数显示页面

诊断 DGN → 诊断界面 → 诊断信息；机床面板

五、各操作按键功能

图　标	键　名	功能说明
	编辑方式选择键	进入编辑操作方式,可以进行加工程序的建立、删除、和修改等操作。
	自动加工方式选择键	进入自动操作方式,自动运行程序。
	录入方式选择键	进入录入操作方式,可进行参数的输入以及指令段的输入和执行。
	回参考点选择键	进入机械操回零作方式,可分别执行 X、Z 轴回机械零点。
	单步方式选择键	选择单步/手轮进给方式,系统按选定的增量进行移动。
	手动方式选择键	进入手动操作方式,可进行手动进给、手动快速、进给倍率调整、快速倍率调整及主轴启停、冷却液开关、润滑液开关、手动换刀等操作。
	单段开关	程序单段运行/连续运行状态切换,单段有效时单段运行指示灯亮
	机床锁住开关	机床锁住时机床锁住指示灯亮,X、Z 轴输出无效。
	空运行开关	空运行有效时空运行指示灯点亮,加工程序/MDI 指令段以空运行方式运行。
	程序回零方式选择键	进入程序回零操作方式,可分别执行 X、Z 轴回程序零点。
MST	辅助功能锁住开关	辅助功能锁住时辅助功能锁住指示灯亮,M、S、T 功能输出无效。
0.001 0.01 0.1 1	单步/手轮移动量选择键	单步每格移动 0.001/0.01/0.1/ mm 手轮每格移动 0.001/0.01/0.1/1 mm
X⊙ Z⊙	手轮控制轴选择键	手轮操作方式 X、Z 轴选择。
	手动进给键 快速开关	手动/单步操作方式下 X、Z 轴正向/负向移动。快移速度/进给速度切换。
	主轴正向转动	手动/手轮/单步方式下,按下此键,主轴正向转动起动。
	主轴停止转动	手动/手轮/单步方式下,按下此键,主轴停止转动。

续表

图　标	键　名	功能说明
	主轴反向转动	手动/手轮/单步方式下,按下此键,主轴反向转动起动。
	手动换刀键	手动/手轮/单步方式下,按下此键,刀架旋转换下一把刀。
	润滑液开关键	手动/手轮/单步方式下,按下此键,进行"开→关→开"切换
	冷却液开关键	手动/手轮/单步方式下,按下此键,进行"开→关→开"切换
	快速倍率键	按快速倍率修调键可分别向下、向上调整手动快速移动速率,快速倍率设有 Fo,25%,50%,100%四档。 快速倍率选择在下列情况下有效:(1)G00 定位(2)固定循环中的快速移动(3)G28 时的快速移动(4)手动快速移动(5)手动返回机械零点的快速移动
	进给倍率键	按进给倍率修调键可分别向下、向上调整手动进给或自动进给的 F 速度,进给倍率修调速度 0%~150%一共 16 级。
	进给保持键	按下进给保持键,程序、MDI 指令运行暂停。
	循环启动键	按下循环启动键,程序、MDI 指令运行启动。
	手轮	按下操作面板上的"单步/手轮方式"选择键按钮,系统处于"单步/手轮"进给方式,控制轴按键选择 X 或 Z 时,旋转手摇脉冲发生器,可控制机床坐标轴往正或负的方向作增量移动。
	急停按钮	按下急停按钮,伺服进给及主轴运转立即停止工作,CNC 即进入急停状态。当要解除急停时,须转抬起急停按钮,即可解除。
	接通电源	按下接通电源按钮,数控系统接通电源。
	关闭电源	按下关闭电源按钮,数控系统关闭电源。
	循环启动	按下循环启动键,程序、MDI 指令运行启动。

六、程序的编辑

1）程序段号的生成

程序中，可编入程序段号，也可不编入程序段，程序是按程序段编入的先后顺序执行的（调用时例外）。

当设置界面"自动序号"设置为 0 时，系统不会自动生成程序段号，但在编程时可以手动编入程序段号。

当设置界面"自动序号"设置为 1 时，系统自动生成程序段号，编辑时，按 EOB 键自动生成下一程序段的程序段号。

2）程序内容的输入

（1）按下编辑方式 $\boxed{\diamondsuit}$ 键，进入编辑操作方式，这时屏幕右下角显示"编辑方式"。

（2）按操作键盘上的 程序PRG 键，进入程序界面。

（3）按 或 键选择程序显示页面。

（4）输入地址 O，然后输入程序号，按 EOB 键，则自动产生了一个 O××××的程序。

（5）程序内容编入时，先输入地址，再输入数字，然后按 EOB 键，完成程序段的输入。

3）指令字的插入、修改、删除

新建程序之后，可以利用 插入INS 修改ALT 删除DEL 分别进行插入、修改及删除操作。

（1）指令字的插入

使光标位于插入位置的前一个指令字，键入指令字，按插入键即可。

（2）指令字的修改

使光标位于指令字处，键入指令字，按修改键，该指令字即被修改。

（3）指令字的删除

使光标位于指令字处，按删除键，该指令字即被删除。

4）程序的删除

（1）选择编辑操作方式，进入程序显示页面。

（2）依次键入地址键 O，数字键 1003（以 1003 为例）。

（3）按删除键，O1003 程序被删除。

5）程序的改名

（1）选择编辑操作方式，进入程序显示页面。

（2）按地址键 O。

（3）输入新程序名。

（4）按修改建，即改为新的程序名。

6）程序的选择

（1）检索法

当内存存入多段程序时，可以通过检索的方法调出需要的程序，对其进行编辑。检索过程如下：

a.选择编辑或自动操作方式。

b.按 程序PRG 键，进入到程序显示页面。

c.输入要检索的程序名例如"O2222"。

d.按向下键 ⬇，此时在 LCD 显示屏上将显示检索出的程序。

（2）扫描法

a.选择编辑或自动操作方式。

b.按 程序PRG 键，进入到程序显示页面。

c.按地址键 O。

d.按向下键 ⬇，显示下一个程序。

e.重复步骤 c、d，逐个显示存入的程序。

七、数控车床的操作

1）安全操作

操作数控设备一定要有安全观念，为确保操作者的人生安全和避免损坏贵重设备。要求每个人在操作时必须细心、认真。严格遵守设备的安全操作规程，防止意外事故的发生。

（1）紧急操作

在加工过程中，由于程序、操作以及机床系统故障等原因，可能会出现一些意想不到的结果，此时必须立即停止工作。避免发生安全事故。

（2）复位

系统异常输出、坐标轴异常动作时，按 // 复位键，使系统处于复位状态：

①所有轴运动停止；

②M、S 功能输出无效；

③自动运行结束，模态功能、状态保持。

（3）急停

机床运行过程中，一旦出现危险或紧急情况应立即按下 ◎ 急停按钮，系统即进入急停状态，使机床移动立即停止，所有的输出如主轴的转动，冷却液等也全部关闭。旋转按钮后解除急停报警，系统进入复位状态。

（4）进给保持

机床运行过程中可按 [◎] 进给保持键使运行暂停。螺纹切削、循环指令运行中，此功能不能使运行动作立即停止。

（5）超程

如果刀具进入了由参数规定的禁止区域（坐标轴行程极限位置），则显示超程报警，刀具减速后停止。此时用手动，把刀具向安全方向移动，按复位按钮，解除报警。

2）手动操作

按 手动键进入手动操作方式，手动操作方式下可进行手动进给、主轴控制等操作。

（1）坐标轴移动

在手动操作方式下，可以使两轴手动移动。

按压 、 、 、 键，机床将在对应的轴向产生移动，松开按键时运动停止，

此时调整 进给倍率可改变进给速度。

当进行手动进给时，按下 快速键，使 指示灯亮，则进入手动快速移动状态。此

时调整 快速倍率可改变快速移动的速度。

（2）主轴正转、反转、停止控制

手动操作方式下，按 键，主轴正转；

手动操作方式下，按 键，主轴停止；

手动操作方式下，按 键，主轴反转。

（3）冷却液控制

手动操作方式下，按 键，冷却液开/关切换。

（4）润滑控制

手动操作方式下，按 键，机床润滑开/关切换。

（5）手动换刀

手动操作方式下，按 键，刀架转动换下一把刀。

（6）主轴倍率的修调

主轴运行中，按 键，修调主轴倍率改变主轴速度，可实现主轴倍率 50%～120%共 8

级实时调节。

3）手轮/单步操作

在手轮/单步操作方式中，机床按系统设定的增量值进行移动。

（1）单步进给

按 键进入单步操作方式选择移动量:按下增量选择键 ,选择移动的增量。

步进进给量

输入单位制	0.001	0.01	0.1	1
公制输入(毫米)	0.001	0.01	0.1	1

选择移动轴:按一次轴选择 键,则在此轴方向按单步增量进给一次。

（2）手轮进给

按 键进入手轮操作方式。

选择移动量:按下增量选择键 ,选择移动的增量。

手轮上每一刻度的移动量

输入单位制	0.001	0.01	0.1	1
公制输入(毫米)	0.001	0.01	0.1	1

选择移动轴:按 或 键选择相应的轴。

转动手轮:转动 手摇脉冲发生器,可以使机床微量进给。

注:手摇脉冲发生器的速度要低于 3 转/秒。如果超过此速度,会出现刻度和移动量不符。

4)(MDI)页面录入操作

在录入方式下,可进行参数的设置、指令字的输入以及指令字的执行。

（1）指令字输入

选择 MDI 方式,输入一个程序段 G50X40Z0,操作步骤如下:

按 键进入录入操作方式;

按 键,按 键进入 MDI 页面;

依次键入 G50 X40 Z0 。

（2）指令字的执行

指令字输入后,按 键执行 MDI 指令字。

5)加工操作步骤:

（1）输入程序

选择编辑方式,按 键,输入加工程序(参照项目五编辑程序)。输完程序后按复位

［//］键,使光标返回程序开头。

（2）刀补清零

选择录入方式,按［刀补/OFT］键,按光标移动［↓］［↑］键,使光标移到001,录入X0,按［输入/IN］键,录入Z0,按［输入/IN］键。再分别使光标移到002、003、004做同样的操作。

（3）作图(程序校验)

按［设置］键两次进入图形界面,(图形界面有图形参数、图形显示两个页面,通过翻页键转换)在录入方式下按［↓］［↑］光标移动键选择图形参数页面中的"缩放比例"、"X最大值"、"Z最大值"、"X最小值"、"Z最小值"进行参数设置,键入相应的数值,(X、Z数值要加小数点)按［输入/IN］键。

缩放比例:80~150

X最大值:略大于工件直径尺寸

Z最大值:10

X最小值:-10

Z最小值:-(略大于工件长度尺寸)

设好参数后按翻页键进入图形显示页面,选择［□］自动加工方式,按下［MST］辅助功能锁住、［⇥］机床锁住、［w］空运行状态键,使状态指示区中的［⇥］［MST］［w］指示灯亮,进入辅助功能锁住、机床锁住及空运行状态。按S开始作图,按［I］循环启动键自动运行程序,按［∿］快速键可加快作图速度,通过显示刀路轨迹,检验程序的正确性。

若停止作图按T,删除刀路轨迹按R。重新作图需按复位［//］键。

（4）安装工件、刀具、车平端面

安装夹紧工件和刀具,启动主轴,用手轮方式控制刀具X、Z方向进给车平工件的端面。主轴的初次启动,选择录入方式,按［程序/PRG］键进入MDI页面,键入S400,按［输入/IN］键然后按［I］循环启动键。主轴停止按［O］键,再次启动主轴按［↻］键便可。

（5）试切对刀、设定刀补

A.按［✋］键,进入手动操作方式,移动刀架至换刀安全位置。

B.工件坐标系与基准刀的设定:

①录入方式下,按［程序/PRG］键进入MDI页面,录入T0100,按［输入/IN］键,再按［I］执行选择1号位置刀(90°外圆偏刀)并把刀具偏置清零(此刀作为基准刀),试切对刀,通过录入G50指令值设定工件坐标系。

②对Z轴:用刀碰端面→录入方式→程序(MDI页面)→录入G50→按输入→录入Z0→按输入→检查是否输入G50→执行→检查位置屏幕绝对坐标Z0。

③对 X 轴:试切外圆(约 0.5 mm)→把刀沿 Z 轴退出→停车测量工件直径,若测得直径=29.46,录入方式→程序(MDI 页面)→录入 G50→按输入→录入 X29.46 按输入→检查是否输入 G50→执行→检查位置屏幕绝对坐标 X29.46,Z0。

C.其余刀具的刀补设置:

①录入方式下,按 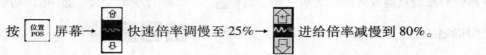 键进入 MDI 页面,录入 T0200,按 键,再按 执行换 2 号位置刀(切槽刀)并把刀具偏置清零。

②移动刀尖碰端面→录入方式→刀补(翻页)→看到 100 开头的版面,将光标移到 102 位置→录入 Z0→按输入→试切外圆停止主轴测量外圆直径→刀补 102 位置→录入 X 当前尺寸→按输入。

③录入方式下,按 键进入 MDI 页面,录入 T0300,按 键,再按 执行换 3 号位置刀(螺纹刀)并把刀具偏置清零。

④目测将刀尖碰端面→录入方式→刀补→将光标移到 103 位置→录入 Z0 按输入→然后将刀碰外圆→刀补 103 位置→录入 X 当前尺寸→按输入。

(6)运行加工程序

重要提示:为确保安全操作,自动运行加工程序,建议先采用"单段"方式运行,并将快速倍率调慢至 25%,进给倍率减慢到 80%,检查刀具偏置正确无误,方可进入自动运行。

按 屏幕→ 快速倍率调慢至 25%→ 进给倍率减慢到 80%。

按 键进入自动运行方式→按 键进入程序显示页面→按 复位键使光标处于程序开头→按 单段运行→按 键运行单一程序段→检查起刀点位置与程序段指令位置是否相符,确认无误→按 取消单段→按 键启动程序自动运行。

(7)偏置值的修改

加工过程中,为确保零件尺寸精度在公差范围内,通常在操作上用修改刀具偏置值的方法进行控制,偏置值的修改方法步骤:

A.按 键进入偏置界面,通过 键显示 000~008 的偏置序号页面;

B.移动光标至需要修改偏置值的补偿号位置;

C.在录入方式下,按地址键 U 或 W 后,输入补偿增量(可以输入小数点);

D.按 键,把当前的偏置量与键入的增量值相加,作为新的补偿量显示出来。

例 1 号刀当前偏置量

序号 XZ

0018.657-25.365

输入的增量值 U-0.24,则新设定的 X 轴补偿量为 8.657-0.24=8.417

输入的增量值 W0.35,则新设定的 Z 轴补偿量为-25.365++0.35=-25.015

1号刀修改后偏置量

序号 XZ

0018.417-25.015

E.偏置值修改后,刀具新的偏移量必须在执行 T 代码(T0101)后生效。

提示:修改偏置值,应先确定刀具需要偏移的方向和偏移量,然后在相应的补偿号输入增量值。

如:调整刀具沿 X 轴正方向偏移 0.15 mm,则输入 U0.15,负方向偏移则输入 U-0.15

沿 Z 轴正方向偏移 0.50 mm,则输入 W0.50,负方向偏移则输入 W-0.50

示例:需加工零件的外径为 ϕ24.00 mm,用 01 号刀粗加工外圆,留 0.4 mm 精加工余量,粗加工后应为 ϕ24.40 mm,但实际测量尺寸后得 24.32 mm,-0.08 mm。需要调整刀具沿 X 轴正方向偏移 0.08 mm,才使精加工后的尺寸符合要求。此时输入 001 补偿号的增量值应为 U0.08。

附录二　FANUC 系统的操作

一、数控系统操作面板

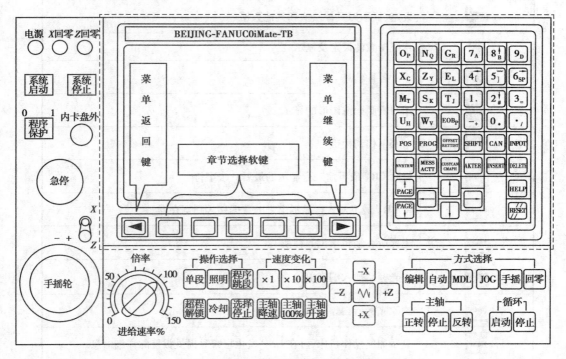

图 1　BEIJING-FANUC0iMate-TB 数控车床

1) CRT/MDI 数控系统操作面板

图 1 虚线框所示 BEIJING-FANUC0iMate-TB 数控系统 CRT/MDI 操作面板,其按键说明见表1。

表 1   BEIJING-FANUC0iMate-TB 数控系统 MDI 按键说明

MDI 软键	功　能
↓PAGE PAGE↑	↓PAGE 向上翻页;PAGE↑ 向下翻页。
光标键(↑←↓→)	光标键
地址字符键 O~E	地址字符键。点击 SHIFT 键后再单击字符键,将输入右下角的字符;用"EOB"输入";",表示程序段结束等。
数字字符键	数字字符键。点击 SHIFT 键后再单击字符键,将输入右下角的字符。
POS	显示坐标值
PROG	进入程序编辑和显示画面
OFFSET SETTING	设定、显示刀具补偿值和其他数据
SYSTEM	系统参数的设定及显示
MESSAGE	显示各种信息
CUSTOM GRAPH	用户宏画面或图形的显示
SHIFT	字符下档切换键
CAN	删除 CRT 最下输入行显示的最后一个字符
INPUT	将 CRT 最下输入行显示出来的数据移入到寄存器
ALTER	光标所在编辑单位的替换
INSERT	在光标后插入编辑单位
DELETE	删除光标所在编辑单位
HELP	显示如何操作机床,可在 CNC 发生报警时提供报警的详细信息
RESET	CNC 复位,解除报警;当自动运行时,按此键所有运动都停止

230

2）数控车床遥控操作面板

图 1 除虚线框所示面板是 BEIJING-FANUC0iMate-TB 系统 CKA6150 数控车床遥控操作面板，其按键说明见表 2。

表 2　按键说明

按　钮	名　称	功能说明
系统启动	数控系统电源开关	启动数控系统
系统停止	数控系统电源开关	关闭数控系统
循环 启动 停止	循环启动/停止	启动：自动运行开始，系统处于"自动运行"或"MDI"位置时有效，其余方式下无效 停止：自动运行停止，进给保持
超程解锁	超程解锁	机床超程释放，与点动键同时按
 快速按钮	快速按钮	在手动方式下，按下此钮，系统进入手动快速移动状态
−X −Z +Z +X	手动进给按钮	手动进给点动
 倍率 50 100 0 150 进给速率%	进给倍率开关	有级调整进给速度，实际进给速度＝编程进给速度（F 值）×倍率百分比
速度变化 ×1 ×10 ×100	手轮倍率、坐标轴增量值按键	摇手轮时：表示手轮移动倍率旋钮，×1、×10、×100 分别代表手轮转过一个刻度时机床的移动量为 0.001 mm、0.01 mm、0.1 mm 按坐标轴键时：表示增量进给，×1、×10、×100 分别代表按一下坐标轴键机床的移动量为 0.001 mm、0.01 mm、0.1 mm
 − + X Z 手摇轮	手轮	手轮，顺时针转动时机床向正向移动；逆时针转动时机床向负向移动

续表

按　钮	名　称	功能说明
主轴降速　主轴100%　主轴升速	主轴倍率开关	有级调整主轴转速
主轴　正转　停止　反转	主轴动作开关	正反转起动、停止主轴转动,JOG 状态有效
内 卡盘 外　照明　冷却	辅助功能开关	内卡盘:正装三爪 外卡盘:反装三爪 照明:机床照明切换开关 冷却:冷却液供给切换开关
0　1　程序保护	程序保护钥匙开关	0:可以修改程序等 1:不能修改程序等
编辑	编辑方式	程序编辑状态。用于输入数控程序和编辑程序
自动	自动方式	自动运行方式
MDI	MDI 方式	MDI 方式,手动输入并可执行程序段;最多一次可编写、执行 10 条程序段
手摇	手轮方式	手轮进给
JOG	JOG 方式	手动点动进给
回零	回参考点方式	返回参考点
单段	单程序段方式	按下该键后,每按一次"循环启动键"执行一条程序段段;该键复位,则退出该状态,在自动方式下有效
程序跳段	跳读方式	按下该键后,数控程序中的跳读符号"/"有效;该键复位,则退出该状态。在自动方式下有效
选择停止	选择停止方式	按下该键后,程序中 M01 指令有效,程序暂停,重新按"循环启动"键执行后续程序;该键复位,则退出该状态。在自动方式下有效

二、手动操作

1）启动机床

步骤	操作动作	机床执行动作或 CRT 显示画面
1	给车床电柜通电	电源指示灯亮
2	按"系统启动"键，等待数秒	CRT 显示绝对坐标画面，如图 2 所示，机床启动就绪 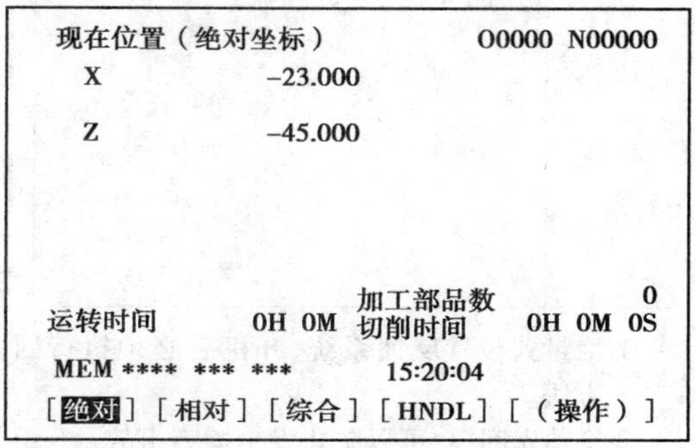

```
现在位置（绝对坐标）              O0000 N00000
      X          −23.000
      Z          −45.000




运转时间         0H 0M      加工部品数          0
                切削时间    0H 0M 0S
MEM **** *** ***           15:20:04
〔绝对〕〔相对〕〔综合〕〔HNDL〕〔（操作）〕
```

图 2　机床启动就绪画面

2）关闭机床

步骤	操作动作	机床执行动作或 CRT 显示画面
1	按"系统停止"键	CRT 黑屏，数控系统的电源断开
2	关车床电柜开关	电源指示灯熄灭，机床断电

3）回参考点

步骤	操作动作	机床执行动作或 CRT 显示画面
	机床处于启动状态	
1	按"回零"键	选择回零方式
2	按手动进给按钮"+X"键	X 轴移动，CRT 显示 X 轴坐标在变动；"X 回零"指示灯亮，该轴返回参考点完成
3	按手动进给按钮"+Z"键	Z 轴移动，CRT 显示 Z 轴坐标在变动；"Z 回零"指示灯亮，该轴返回参考点完成

续表

步骤	操作动作	机床执行动作或 CRT 显示画面
4	按图 2 中"综合"软键	CRT 显示如图 3 所示画面。图 3 中各坐标轴的机械坐标值为零,表示参考点与机床原点重合 现在位置　　　　　　　　　　O0000 N00000 　　　　（相对坐标）　　　　（绝对坐标） 　U　120.000　　　　X　23.000 　W　240.000　　　　Z　45000 　　　　（机械坐标）　　　　（余移动量） 　X　0.000　　　　　X　0.000 　Z　0.000　　　　　Z　0.000 运转时间　　　　　　　　加工部品数　　　0 　　　　　　　0H 0M　切削时间　　0H 0M 0S MEM **** *** ***　　　　15:36:03 [绝对]　[相对]　[综合]　[HNDL]　[（操作）] **图 3　综合坐标画面**

注:1.增量式位置反馈系统,开机后必须执行回参考点操作,这是正确建立机床坐标系的唯一方法。
　2.X 轴先回零,可以防止发生撞刀事故。
　3.机床加工中发生以下情况,必须重新回参考点:①发生撞刀,影响控制精度;②机床坐标轴超程;③机床坐标轴锁紧,执行空运行校验程序。
　4.坐标轴回参考点时,进给倍率修调有效。

4)手动进给 JOG

步骤	操作动作	机床执行动作或 CRT 显示画面
1	按"JOG"键	选择手动进给 JOG 方式
2	按下面任一键 　　　−X −Z　　+Z 　　+X	刀架在该方向移动,按一下,刀架动一下,不按不动,在图 2 中可见坐标有变化。刀架移动快慢可由进给倍率旋钮修调
3	同时按下　　−X 　−Z　　+Z　任一键 　　　+X 　　∿	机床在该轴方向快速移动,不按则停

注:这种操作用于长距离、粗略移动机床。移动机床要防止超程。

5) 手轮进给

步骤	操作动作	机床执行动作或 CRT 显示画面
1	按"手摇"键	选中手轮进给方式
2	选择手轮控制轴"X"或"Z" 	选择要移动的坐标轴
3	按任一键 	手轮每转一格,刀架移动距离分别是 0.001 mm、0.01 mm 或 0.1 mm 手轮顺时针转动,刀架正向移动 手轮逆时针转动,刀架负向移动
注:机床移动的距离和方向可得到精准控制。		

6) 主轴手动操作

(1)主轴启动

步骤	操作动作	机床执行动作或 CRT 显示画面
1	按"MDI"键	选中 MDI 手动数据输入方式
2	按"PROG"程序键	CRT 显示画面: **图 4　MDI 数据输入画面**
3	键入如 M03S600;或 M04 S600;程序段	设定主轴的转向和转速
	按"INPUT"键	输入该程序段
4	按循环方式中"启动"键 	主轴以设定的转速和转向进行旋转

235

（2）主轴停转或换向

步骤	操作动作	机床执行动作或 CRT 显示画面
1	在 MDI 方式下正确启动主轴	主轴旋转
2	按"JOG"或"手摇"键	选中 JOG 方式或手轮方式
3	按"停止"键 主轴 正转 停止 反转	主轴停转
4	按相反的转向键	主轴变向转动

注：1.主轴正转期间要反转,则必须先按"主轴停止"按钮,使主轴停止,再按"反转"按钮。同理,
　切换主轴转向,必须先停后启动。
2.用液压卡盘的机床,要先锁紧卡盘,才能启动主轴。
3.主轴停转时若按 MDI 面板上"RESET"复位键,转速数据被清 0,下一步不能直接启动主轴
　旋转。

（3）主轴转速调整

步骤	操作动作		机床执行动作或 CRT 显示画面
1	在 MDI 方式下正确启动主轴		主轴以设定的转速旋转
2	按"JOG"或"手摇"键		
3	按主轴倍率开关	主轴降速	每按一下,主轴转速减 10%,最多可修调到 50%
		主轴100%	主轴转速固定为程序中设定的转速(包括 MDI 程序和自动运行程序)
		主轴升速	每按一下,主轴转速增 10%,最多可修调到 120%

7) 超程解锁

当机床移动超过极限并且超程解锁按钮指示灯亮起时,说明机床"硬超程",此时 CRT 屏幕上闪烁"准备不足"的报警信号,不能移动机床。这是需解除超程。

步骤	操作动作	机床执行动作或 CRT 显示画面
1	按"JOG"键	
2	按 MDI 面板中"POS"键	见图3,看清哪根坐标轴在哪个方向超程
3	同时按下 超程解锁 和超程反向移动轴按键	机床脱离极限而回到工作行程内(切忌方向搞错)
4	按"RESET"键	解除报警状态,机床进入规定行程范围内

8) 急停按钮

在手动操作或自动运行期间,出现紧急状态时按此按钮,机床各部将全部停止运动,NC系统复位。有回零要求和软件超程保护的机床按急停按钮后,必须重新进行回参考点操作,否则刀架的软件限位将不起作用。

待故障排除后,顺时针方向转动急停按钮使其弹起恢复正常,切忌拔拉。

三、程序编辑

1) 程序保护

"程序保护"开关是一钥匙开关,用以防止破坏内存程序等。当该开关在"1"位置时,内存程序受到保护,即不能对程序进行编辑;在"0"位置时,内存程序不受保护,可对程序进行编辑。

2) 输入新程序

步骤	操作动作	机床执行动作或 CRT 显示画面
1	"程序保护"开关在"0"位	
2	按"编辑"键	选中编辑方式
3	按 MDI 面板中"PROG"键	CRT 显示如图 5 所示画面
4	键入程序号,如 O40	PROGRAM　　　　　　　O0040　N00012 O0040; N10 G92 X0　Y0 Z0; N12 %
5	按"INSERT"键	
6	按"EOB"键	>_ EDIT **** *** ***　　　13:18:08 [PRGRM][LIB][　　][C.A.P][(OPRT)]
	按"INSERT"键	图 5　新程序输入画面
7	输入程序段,以"EOB"键结束	程序中添加新的程序段,如"N10G92X0Y0Z0;",光标自动换行并出现"N12"字符,表示程序段号以 2 为间隔自动增加
8	按"INSERT"键输入一个完整的程序段	

3) 编辑程序

（1）前台编辑

步骤	操作动作	机床执行动作或 CRT 显示画面
1	按"编辑"键	选中编辑方式,程序的生成、修改必须在此方式下进行
2	按"PROG"键	见图 C-5

续表

步骤	操作动作	机床执行动作或 CRT 显示画面
3	键入程序号 O1234 按光标键"↓",检索程序	打开该程序,如图 6 所示。 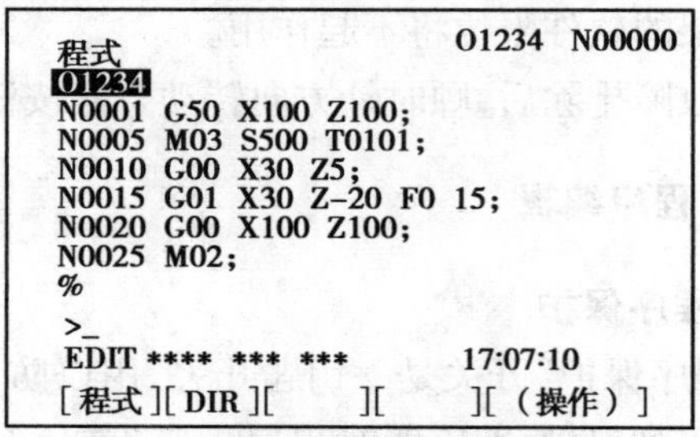 程式 O1234 N00000 O1234 N0001 G50 X100 Z100; N0005 M03 S500 T0101; N0010 G00 X30 Z5; N0015 G01 X30 Z−20 F0 15; N0020 G00 X100 Z100; N0025 M02; % >_ EDIT **** *** *** 17:07:10 [程式][DIR][ ][ ][（操作）] 图 6 程式编辑画面
4	光标定位后,可进行字的插入、替换、删除等操作	与通用计算机文字修改方式类似
5	输入程序段号+";" 按"DELETE"键	删除从程序段号开始到";"结束的整个程序段
6	输入程序号,如"O1234",按"DE-LETE"键	删除一个程序,包括正在编辑的程序

（2）后台编辑

这种编辑方式常用在程序自动运行期间,以使程序编辑与自动加工同时进行,减少机床停机编程的时间,提高加工效率。		

步骤	操作动作	机床执行动作或 CRT 显示画面
1	按图 6 中的[操作]软件	CRT 显示如图 7 所示画面
2	按图 7 中的[BG-EDT]软件	CRT 显示如图 8 所示画面,进入后台编辑,图中左上角"程式(后台编辑)"是后台编辑方式的标记
3	在图 8 中,用通常的程序编辑方法	编辑程序
4	后台编辑完成后,按图 8 中[BG-END]软键	返回前台(正常)编辑方式

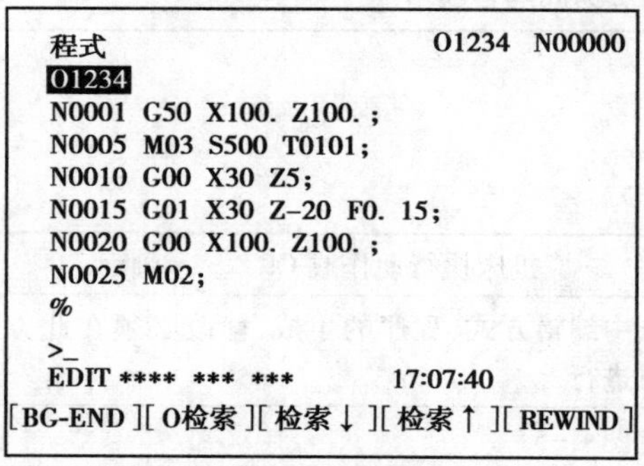

程式　　　　　　　　　　　O1234 N00000
O1234
N0001 G50 X100. Z100. ;
N0005 M03 S500 T0101;
N0010 G00 X30 Z5;
N0015 G01 X30 Z−20 F0. 15;
N0020 G00 X100. Z100. ;
N0025 M02;
%
>_
EDIT **** *** *** 17:07:40
[BG-END][O检索][检索↓][检索↑][REWIND]

图 7 程序操作画面

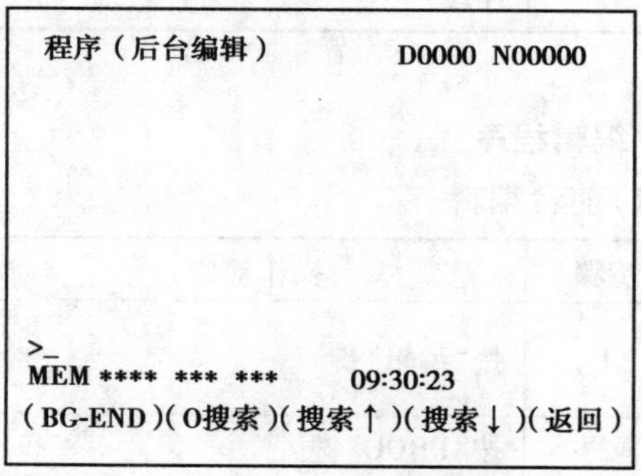

程序（后台编辑）　　　　　D0000 N00000

>_
MEM **** *** *** 09:30:23
（BG-END）（O搜索）（搜索↑）（搜索↓）（返回）

图 8 后台编辑画面

四、对刀操作

T 指令对刀

1)在手动方式中试切端面,沿 X 轴正方向退刀,不要移动 Z 轴,停止主轴。如图 9 所示。

2)测量工件坐标系的零点至端面的距离 β(或 0)。

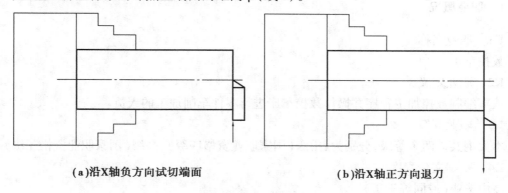

(a)沿X轴负方向试切端面　　　　　　　(b)沿X轴正方向退刀

图9　试切对刀

3)按 MDI 键盘中的 OFFSET/SETTING 键,按[补正]和[形状]软键,进入刀具偏置参数窗口。

4)移动光标键,选择与刀具号对应的刀补参数,输入 Zβ(或 0)。按[测量]软键,Z 向刀具偏置参数会自动存入。如图 10 所示。

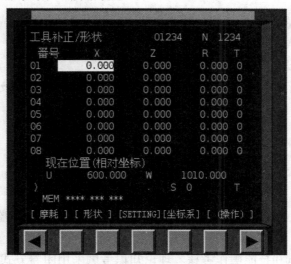

图10　刀具偏置参数窗口

5)试切工件外圆,沿 Z 方向上退刀,不要移动 X 轴。停止主轴,测量被车削部分的直径 D,输入 XD。按[测量]软键,X 向刀具偏置参数即自动存入。

附录三　数控车床操作中级工考核大纲

1　职业概况

1.1　职业名称
数控车工。

1.2　职业定义
从事编制数控加工程序并操作数控车床进行零件车削加工的人员。

1.3　职业等级
本大纲共设两个等级,分别为:中级(国家职业资格四级)、高级(国家职业资格三级)。

1.4　基本文化程度
高中毕业(或同等学历)。

1.5　培训要求

1.5.1　培训期限
全日制职业学校教育,根据其培养目标和教学计划确定。晋级培训期限:中级不少于 400 标准学时;高级不少于 300 标准学时。

1.5.2　培训教师
培训中、高级人员的教师应取得本职业技师及以上职业资格证书或相关专业中级及以上专业技术职称任职资格。

1.5.3　培训场地设备
满足教学要求的标准教室、计算机机房及配套的软件、数控车床及必要的刀具、夹具、量具和辅助设备等。

1.6　鉴定要求

1.6.1　适用对象
从事或准备从事本职业的人员。

1.6.2　申报条件
参照《关于印发职业技能鉴定各职业报考条件的补充通知》(深职鉴办〔2013〕15 号)执行

1.7　鉴定方式
分为理论知识考试和技能操作考核。理论知识考试采用闭卷方式,技能操作(含软件应用)考核采用现场实际操作和计算机软件操作方式。理论知识考试和技能操作(含软件应用)考核均实行百分制,成绩皆达 60 分及以上者为合格。

1.7.1　考评人员与考生配比
理论知识考试考评人员与考生配比为 1∶15,每个标准教室不少于 2 名相应级别的考评员;技能操作(含软件应用)考核考评员与考生配比为 1∶2,且不少于 3 名相应级别的考评员;综合评审委员不少于 5 人。

1.7.2　鉴定时间

理论知识考试为 120 分钟,技能操作考核中实操时间为:中级、高级不少于 240 分钟,技能操作考核中软件应用考试时间为不超过 120 分钟。

1.7.3　鉴定场所设备

理论知识考试在标准教室里进行,软件应用考试在计算机机房进行,技能操作考核在配备必要的数控车床及必要的刀具、夹具、量具和辅助设备的场所进行。

2　基本要求

2.1　职业道德

2.1.1　职业道德基本知识

2.1.2　职业守则

(1)遵守国家法律、法规和有关规定;

(2)具有高度的责任心、爱岗敬业、团结合作;

(3)严格执行相关标准、工作程序与规范、工艺文件和安全操作规程;

(4)学习新知识新技能、勇于开拓和创新;

(5)爱护设备、系统及工具、夹具、量具;

(6)着装整洁,符合规定;保持工作环境清洁有序,文明生产。

2.2　基础知识

2.2.1　基础理论知识

(1)机械制图

(2)工程材料及金属热处理知识

(3)机电控制知识

(4)计算机基础知识

(5)专业英语基础

2.2.2　机械加工基础知识

(1)机械原理

(2)常用设备知识(分类、用途、基本结构及维护保养方法)

(3)常用金属切削刀具知识

(4)典型零件加工工艺

(5)设备润滑和冷却液的使用方法

(6)工具、夹具、量具的使用与维护知识

(7)普通车床、钳工基本操作知识

2.2.3　安全文明生产与环境保护知识

(1)安全操作与劳动保护知识

(2)文明生产知识

(3)环境保护知识

2.2.4　质量管理知识

(1)企业的质量方针

(2)岗位质量要求

(3)岗位质量保证措施与责任

2.2.5　相关法律、法规知识

(1)劳动法的相关知识

(2)环境保护法的相关知识

(3)知识产权保护法的相关知识

3　工作要求

本标准对中级、高级的技能要求依次递进,高级别涵盖低级别的要求。

3.1　中级

3.1.1　理论知识鉴定内容

项　目	鉴定范围	鉴定内容	鉴定比重(%)	备注
一、基本知识	(一)读图与绘图	能读懂中等复杂程度(如:曲轴)的零件图 能绘制简单的轴、盘类零件图 能读懂进给机构、主轴系统的装配图	10	
	(二)制订加工工艺	1.能读懂复杂零件的数控车床加工工艺文件 2.能编制简单(轴、盘)零件的数控加工工艺文件	10	
	(三)零件定位与装夹	1.能使用通用卡具(如三爪卡盘、四爪卡盘)进行零件装夹与定位	5	
	(四)刀具准备	1.能够根据数控加工工艺文件选择、安装和调整数控车床常用刀具 2.能够刃磨常用车削刀具	5	
二、专业知识	(一)手工编程	1.能编制由直线、圆弧组成的二维轮廓数控加工程序 2.能编制螺纹加工程序 3.能够运用固定循环、子程序进行零件的加工程序编制	20	
	(二)计算机辅助编程	1.能够使用计算机绘图设计软件绘制简单(轴、盘、套)零件图 2.能够利用计算机绘图软件计算节点	5	
	(三)操作面板	1.能够按照操作规程启动及停止机床 2.能使用操作面板上的常用功能键(如回零、手动、MDI、修调等)	5	

项　目	鉴定范围	鉴定内容	鉴定比重(%)	备注
二、专业知识	(四)程序输入与编辑	1.能够通过各种途径(如 DNC、网络等)输入加工程序 2.能够通过操作面板编辑加工程序	10	
	(五)对刀	1.能进行对刀并确定相关坐标系 2.能设置刀具参数	5	
	(六)程序调试与运行	能够对程序进行校验、单步执行、空运行并完成零件试切	5	
三、相关知识	(一)数控车床日常维护	能够根据说明书完成数控车床的定期及不定期维护保养,包括:机械、电、气、液压、数控系统检查和日常保养等	10	
	(二)数控车床故障诊断	1.能读懂数控系统的报警信息 2.能发现数控车床的一般故障	5	
	(三)机床精度检查	能够检查数控车床的常规几何精度	5	

3.1.2　实际操作鉴定内容

项　目	鉴定范围	鉴定内容	鉴定比重(%)	备注
一、基本技能	数控车床的基本操作	正确的操作数控车床	5	
	数控车床的工艺规程	正确制订数控车床的加工工艺	5	
二、专业技能	(一)轮廓加工	1.能进行轴、套类零件加工,并达到以下要求: (1)尺寸公差等级:IT6 (2)形位公差等级:IT8 (3)表面粗糙度:R_a1.6 μm 2.能进行盘类、支架类零件加工,并达到以下要求: (1)轴径公差等级:IT6 (2)孔径公差等级:IT7 (3)形位公差等级:IT8 (4)表面粗糙度:R_a1.6 μm	80	
	(二)螺纹加工	能进行单线等节距的普通三角螺纹、锥螺纹的加工,并达到以下要求: (1)尺寸公差等级:IT6~IT7 级 (2)形位公差等级:IT8 (3)表面粗糙度:R_a1.6 μm		

续表

项　目	鉴定范围	鉴定内容	鉴定比重(%)	备注
二、专业技能	(三)槽类加工	能进行内径槽、外径槽和端面槽的加工，并达到以下要求： (1)尺寸公差等级：IT8 (2)形位公差等级：IT8 (3)表面粗糙度：R_a3.2 μm	80	
	(四)孔加工	能进行孔加工，并达到以下要求： (1)尺寸公差等级：IT7 (2)形位公差等级：IT8 (3)表面粗糙度：R_a3.2 μm		
	(五)零件精度检验	能够进行零件的长度、内外径、螺纹、角度精度检验		
三、其他要求	(一)安全操作	严格执行数控车床的安全操作规程	5	
	(二)文明生产	严格执行数控车床的文明生产条例	5	

3.2　高级

3.2.1　理论知识鉴定内容

项　目	鉴定范围	鉴定内容	鉴定比重(%)	备注
一、基础知识	(一)读图与绘图	1.能够读懂中等复杂程度(如:刀架)的装配图 2.能够根据装配图拆画零件图 3.能够测绘零件	10	
	(二)制订加工工艺	能编制复杂零件的数控车床加工工艺文件	10	
	(三)零件定位与装夹	1.能选择和使用数控车床组合夹具和专用夹具 2.能分析并计算车床夹具的定位误差 3.能够设计与自制装夹辅具(如心轴、轴套、定位件等)	5	
	(四)刀具准备	1.能够选择各种刀具及刀具附件 2.能够根据难加工材料的特点,选择刀具的材料、结构和几何参数 3.能够刃磨特殊车削刀具	5	

项　目	鉴定范围	鉴定内容	鉴定比重(%)	备注
二、专业知识	(一)手工编程	能运用变量编程编制含有公式曲线的零件数控加工程序	20	
	(二)计算机辅助编程	能用计算机绘图软件绘制装配图	10	
	(三)数控加工仿真	能利用数控加工仿真软件实施加工过程仿真以及加工代码检查、干涉检查、工时估算	20	
三、相关知识	(一)数控车床日常维护	1.能判断数控车床的一般机械故障 2.能完成数控车床的定期维护保养	10	
	(二)机床精度检验	1.能够进行机床几何精度检验 2.能够进行机床切削精度检验	10	

3.2.2　实际操作鉴定内容

项　目	鉴定范围	鉴定内容	鉴定比重(%)	备注
一、基本技能	数控车床的基本操作	正确的操作数控车床	5	
	数控车床的工艺规程	正确制订数控车床的加工工艺	5	
二、专业技能	(一)轮廓加工	能进行细长、薄壁零件加工,并达到以下要求: (1)轴径公差等级:IT6 (2)孔径公差等级:IT7 (3)形位公差等级:IT8 (4)表面粗糙度:R_a1.6 μm	80	
	(二)螺纹加工	1.能进行单线和多线等节距的 T 型螺纹、锥螺纹加工,并达到以下要求: (1)尺寸公差等级:IT6 (2)形位公差等级:IT8 (3)表面粗糙度:R_a1.6 μm 2.能进行变节距螺纹的加工,并达到以下要求: (1)尺寸公差等级:IT6 (2)形位公差等级:IT7 (3)表面粗糙度:R_a1.6 μm		

续表

项　目	鉴定范围	鉴定内容	鉴定比重(%)	备注
二、专业技能	(三)孔加工	能进行深孔加工,并达到以下要求: (1)尺寸公差等级:IT6 (2)形位公差等级:IT8 (3)表面粗糙度:R_a1.6 μm	80	
	(四)配合件加工	能按装配图上的技术要求对套件进行零件加工和组装,配合公差达到:IT7级		
	(五)零件精度检验	1.能够在加工过程中使用百(千)分表等进行在线测量,并进行加工技术参数的调整 2.能够进行多线螺纹的检验 3.能进行加工误差分析		
三、其他要求	(一)安全操作	严格执行数控车床的安全操作规程	5	
	(二)文明生产	严格执行数控车床的文明生产条例	5	

附录四　常用 G 代码和 M 代码

Fanuc

G 代码	组　别	解　释
G00	01	定位(快速移动)
G01		直线切削
G02		顺时针切圆弧(CW,顺时针)
G03		逆时针切圆弧(CCW,逆时针)
G04	00	暂停(Dwell)
G09		停于精确的位置
G20	06	英制输入
G21		公制输入
G22	04	内部行程限位 有效
G23		内部行程限位 无效
G27	00	检查参考点返回
G28		参考点返回
G29		从参考点返回
G30		回到第二参考点

续表

G 代码	组 别	解 释
G32	01	切螺纹
G40		取消刀尖半径偏置
G41	07	刀尖半径偏置（左侧）
G42		刀尖半径偏置（右侧）
G50		修改工件坐标；设置主轴最大的 RPM
G52	00	设置局部坐标系
G53		选择机床坐标系
G70		精加工循环
G71		内外径粗切循环
G72		台阶粗切循环
G73	00	成形重复循环
G74		Z 向步进钻削
G75		X 向切槽
G76		切螺纹循环
G90		（内外直径）切削循环
G92	01	切螺纹循环
G94		（台阶）切削循环
G96	12	恒线速度控制
G97		恒线速度控制取消
G98	10	固定循环返回起始点

Fanuc

M 代码	说 明
M00	程序停
M01	选择停止
M02	程序结束（复位）
M03	主轴正转（CW）
M04	主轴反转（CCW）
M05	主轴停
M08	切削液开
M09	切削液关
M40	主轴齿轮在中间位置
M41	主轴齿轮在低速位置
M42	主轴齿轮在高速位置

续表

M 代码	说　明
M68	液压卡盘夹紧
M69	液压卡盘松开
M78	尾架前进
M79	尾架后退
M98	子程序调用
M99	子程序结束
M98	子程序调用
M99	子程序结束

华中世纪星

G 代码	组　别	解　释
G00		定位（快速移动）
*G01	01	直线切削
G02		顺时针切圆弧（CW,顺时针）
G03		逆时针切圆弧（CCW,逆时针）
G04	00	暂停（Dwell）
G20	06	英制输入
*G21		公制输入
G28	00	参考点返回
G29		从参考点返回
G32	01	切螺纹
*G36	17	直径编程
G37		半径编程
*G40		取消刀尖半径偏置
G41	07	刀尖半径偏置（左侧）
G42		刀尖半径偏置（右侧）
*G54		
G55		
G56		
G57	11	坐标系选择
G58		
G59		

G代码	组 别	解 释
G71		外径/内径车削复合循环
G72		端面车削复合循环
G73		闭环车削复合循环
G76	06	螺纹切削复合循环
*G80		外径/内径车削固定循环
G81		端面车削固定循环
G82		螺纹切削固定循环
G90	13	绝对编程
G91		相对编程
G92	00	工件坐标系设定
*G94	14	每分钟进给
G95		每转进给
*G96	16	恒线速度切削
G97		

华中世纪星

辅助功能(M功能)		
M代码	模 态	说 明
M00	非模态	程序停
M02	非模态	程序结束(复位)
M03	模态	主轴正转(CW)
M04	模态	主轴反转(CCW)
M05	模态	主轴停
M07	模态	切削液开
M08	模态	切削液开
M09	模态	切削液关
M30	非模态	程序结束并返回程序起点
M98	非模态	子程序调用
M99	非模态	子程序结束

附录五 数控车床操作规程与车削安全技术

1.操作者必须熟悉机床的结构,性能及传动系统,润滑部位,电气等基本知识和使用维护方法,操作者必须经过考核合格后方可进行操作。

2.工作前要做到:

(1)检查润滑系统储油部位的油量应符合规定,封闭良好。油标、油窗、油杯、油嘴、油线、油毡、油管和分油器等应齐全完好,安装正确。按润滑指示图表规定作人工加油,查看油窗是否来油。

(2)必须束紧服装、套袖、戴好工作帽、防护眼镜,工作时应检查各手柄位置的正确性,应使变换手柄保持在规定位置上,严禁戴围巾、手套,穿裙子、凉鞋、高跟鞋上岗操作。

(3)检查机床、导轨以及各主要滑动面,如有障碍物、工具、铁屑、杂质等,必须清理、擦拭干净、上油。

(4)检查工作台,导轨及主要滑动面有无新的拉、研、碰伤,如有,应通知指导教师一起查看,并作好记录。

(5)检查安全防护、制动(止动)和换向等装置应齐全完好。

(6)检查操作手柄、阀门、开关等应处于非工作的位置上;是否灵活、准确、可靠。

(7)检查刀架应处于非工作位置。检查刀具及刀片是否松动,检查操作面板是否有异常。

(8)检查电器配电箱门是否关闭牢靠,电器接地良好。

(9)机床工作开始前要有预热,应当非常熟悉急停按钮的位置,以便在紧急情况下无须寻找就能按到它。

(10)在实习中,未经老师允许不得接通电源、操作机床和仪器。

3.工作中认真做到:

(1)坚守岗位,精心操作,不做与工作无关的事。因事离开机床时要停车,关闭电源。

(2)按工艺规定进行加工。不准任意加大进刀量、切削速度。不准超规范、超负荷、超重量使用机床。

(3)刀具、工件应装夹正确、紧固牢靠。装卸时不得碰伤机床。找正工件不准重锤敲打。不准用加长搬手柄增加力矩的方法紧固刀具、工件。

(4)不准在机床主轴锥孔、尾座套筒锥孔及其他工具安装孔内,不准安装与其锥度或孔径不符、表面有刻痕和不清洁的顶针、刀具、刀套等。

(5)传动及进给机构的机械变速、刀具与工件的装夹、调正以及工件的工序间的人工测量等均应在切削刀具离开工件后停车进行。

(6)刀具磨损或崩缺应及时磨锋或更换。

(7)切削刀具未离开工件,不准停车。

(8)不准擅自拆卸机床上的安全防护装置,缺少安全防护装置的机床不准工作。

(9)机床上特别是导轨面,不准直接放置工具,工件及其他杂物。

（10）经常清除机床上的铁屑、油污，保持导轨面、滑动面、转动面、定位基准面清洁。清洁时一定要停机。

（11）密切注意机床运转情况，润滑情况，如发现动作失灵、振动、发热、爬行、噪声、异味、碰伤等异常现象，应立即停车检查，排除故障后，方可继续工作。

（12）机床发生事故时应立即按急停按钮，保持事故现场，报告有关部门分析处理。

（13）用卡盘夹紧工件及部件后，必须将扳手取下，方可开车。

（14）装卸花盘、卡盘和加工重大工件时，必须在床身面上垫上一块木板，以免落下损坏机床。装卸卡盘应在停机后进行，不可用电动机的力量取下卡盘。

（15）在工作中加工钢件时冷却液要倾注在刀具和工件上，使用锉刀时，应右手在前，左手在后，锉刀一定要安装手把。

（16）机床在加工大偏心工件时，要加均衡铁，将配重螺丝上紧，并用手扳动二三周明确无障碍时，方可开车。

（17）切削脆性金属，事先要擦净导轨面的润滑油，以防止切屑擦坏导轨面。

（18）刀具安装好后应进行一两次试切削。检查卡盘夹紧工件的状态，保证工件卡紧。

（19）工作中严禁用手清理铁屑，一定要用清理铁屑的专用工具，对切削下来的带状切屑、螺旋状长切屑，应用钩子及时清除，以免发生事故，清理铁屑时一定要停机。

（20）机床开动前必须关好机床防护门，机床开动时不得随意打开防护门。

（21）用顶尖装夹工件时，顶尖与中心孔应完全一致，不能用破损或歪斜的顶尖，使用前应将顶尖和中心孔擦净，后尾座顶尖要顶牢。

（22）车削细长工件时，为保证安全应采用中心架或跟刀架，长出车床部分应有标志。

（23）刀具装夹要牢靠，刀头伸出部分不要超出刀体高度 1.5 倍，垫片的形状尺寸应与刀体形状尺寸相一致，垫片应尽可能的少而平。

（24）用砂布打磨工件表面时，应把刀具移动到安全位置，不要让衣服和手接触工件表面。加工内孔时，不可用手指支持砂布，应用木棍代替，同时速度不宜太快。

（25）操作者在工作中不许离开工作岗位，如需离开，无论时间长短，都应停车，以免发生事故。

（26）对加工的首件要进行动作检查和防止刀具干涉的检查。按"程序校验"进行模拟。

（27）自动运行前，确认刀具补偿值和工件原点的设定。确认操作面板上进给轴的速度及其倍率开关状态。切削加工要在各轴与主轴的扭矩和功率范围内使用。

（28）装卸及测量工件时，把刀具移到安全位置，主轴停转；要确认工件在卡紧状态下加工。

（29）使用快速进给时，应注意工作台面的情况，以免发生事故。

（30）每次开机后，必须首先进行回机床参考点的操作。

（31）运行程序前要先对刀，确定工件坐标系原点。对刀后立即修改机床零点偏置参数，以防程序不正确运行。

（32）在手动方式下操作机床，要防止主轴和刀具与机床或夹具相撞。操作机床面板时，只允许单人操作，其他人不得触摸按键。

（33）运行程序自动加工前，必须进行机床空运行。空运行时必须保持刀具与工件之间有一个安全距离。

（34）自动加工中出现紧急情况时，立即按下复位或急停按钮。当显示屏出现报警号，要先查明报警原因，采取相应措施，取消报警后，再进行操作。

4.工作后认真作到：

（1）将机械操作手柄、阀门、开关等扳到非工作位置上。

（2）停止机床运转，切断电源、气源。

（3）清除铁屑，清扫工作现场，认真擦净机床。导轨面、转动及滑动面、定位基准面、工作台面等处加油保养。严禁使用带有铁屑的脏棉纱擦拭机床，以免拉伤机床导轨面。不允许采用压缩空气清洁机床、电气柜及 NC 单元。

（4）认真将班中发现的机床问题，填到交接班记录本上，做好交班工作。

参考文献

[1] 高枫,肖卫宁.数控车削编程与操作训练[M].北京:高等教育出版社,2010.

[2] 唐萍.数控车削工艺与编程操作[M].北京:机械工业出版社,2009.

[3] 朱明松.数控车床编程与操作项目教程[M].北京:机械工业出版社,2008.

[4] 沈建峰,虞俊.数控车工(高级)[M].北京:机械工业出版社,2007.

[5] 龚仲华.数控机床编程与操作[M].北京:机械工业出版社,2004.

[6] 张铁城.加工中心操作工[M].北京:中国劳动社会保障出版社,2001.

[7] 张超英,罗学科.数控加工综合实训[M].北京:化学工业出版社,2007.

[8] 沈建峰.数控机床编程与操作——数控铣床、加工中心分册[M].北京:中国劳动社会保障出版社,2005.

[9] 教材编写办公室.数控车工国家职业标准[M].北京:中国劳动社会保障出版社,2005.

[10] 沈建峰.数控车床编程与操作实训[M].北京:国防工业出版社,2005.

[11] 韩鸿鸾.数控机床的结构与维修[M].北京:机械工业出版社,2005.

[12] 韩鸿鸾.数控加工工艺[M].北京:中国劳动社会保障出版社,2005.

[13] 机械工业出版社职业技能鉴定中心.车工技能鉴定考核[M].北京:机械工业出版社,2005.

[14] 晏初宏.数控机床与机械结构[M].北京:机械工业出版社,2005.